小组辅导操作实务

骆宏 著

宁波出版社
NINGBO PUBLISHING HOUSE

图书在版编目(CIP)数据

小组辅导操作实务/骆宏著.—宁波：宁波出版社,2011.6
(2025.6重印)
浙江省中小学心理健康教育教师专业培训系列用书
ISBN 978-7-80743-613-3

Ⅰ.①小... Ⅱ.①骆... Ⅲ.①心理卫生—健康教育—中小学—教学参考资料 Ⅳ.G479

中国版本图书馆 CIP 数据核字(2010)第 153527 号

浙江省中小学心理健康教育教师专业培训系列用书

小组辅导操作实务

作　　者	骆　宏
责任编辑	陈　静
出版发行	宁波出版社(宁波市甬江大道1号宁波书城8号楼6楼　315040)
经　　销	新华书店
印　　刷	浙江开源印务有限公司
开　　本	787mm×1092mm　1/16
字　　数	270 千
印　　张	18.5
版　　次	2011 年 6 月第 1 版
印　　次	2025 年 6 月第 9 次印刷
标准书号	ISBN 978-7-80743-613-3
定　　价	32.00 元

如发现缺页、错页或倒装等印装质量问题,可直接向出版社调换(0574-87248279)。

序一

朱永祥

浙江省学校心理健康教育在近几年来取得了很大进展：省、市、县(区)、校四级心理健康教育管理与咨询机构逐步建立；持有省级心理健康教育上岗证书的近万名教师在各级各类学校从事着专职或兼职心理健康教育活动；越来越多的学生摆脱传统观念的束缚而愿意主动走进学校心理咨询室接受教师的专门心理辅导；更重要的是，许多校长和教师已经意识到学生心理健康教育的重要性和必要性。在工作实践和大量调研的基础上，省中小学心理健康教育指导中心逐渐形成了今后的工作思路：在继续做好学生心理咨询和疏导工作的同时，突出学生心理问题的早期预防、早期发现和早期干预。

美国心理学家坎普伦将心理危机预防分为三个层次。一级预防是尽可能控制直至消除导致人产生心理问题和心理疾病的各种不健康社会环境因素，让学生生活在较为和谐的家庭、社会和学校环境中；二级预防是注重早期发现和早期诊断，在学生心理问题和心理困惑还没有加重之前及时予以干预，防止衍变成严重的心理疾病；三级预防是已经患有心理疾病的学生及时进行心理咨询和辅导，防止极端事件的发生。目前我省的学校心理健康教育工作基本沿着这个思路进行设计，但重点还在后两者，对于根源性预防则关注较少。学生产生各种心理问题，都可以从学校、家庭和社会生活中追溯根源。学校和家长过分强调考试分数和升学率，采用频繁的考试、分数排名、提倡竞争、额外补课、超负荷练习、题海战术等做法，必定会加重学生的学业负担和心理压力，恶化学生的人际关系，严重的还会产生学生厌学、上学恐惧乃至逃学的现象。而家庭矛盾和家长不恰当的教育方式，也会对孩子的心理健康产生负面影响。因此,根源性预防应成为学校心理健康教育的一个重要内容。

既然学校教育教学和管理工作中许多不科学、不明智的做法可能会引发学生的心理问题,校长和广大教师就有必要反思自己在日常工作中有哪些行为、做法、措施和态度在有意无意地伤害学生的心灵,引发他们的不满和焦虑,也有必要学习和掌握基本的师生沟通交往原则、技巧和相关学生问题的科学处理方式方法。有鉴于此,我们组织有关专家和一线教师编写了这套《浙江省中小学心理健康教育教师专业培训系列用书》,既可用于学校心理健康专职和兼职教师的专业培训,也可作为校长和其他学科教师了解心理健康教育常识的阅读材料。希望该套丛书能对推动学校心理健康教育工作,促进学生身心和谐发展有所裨益。

(作者系浙江省教育科学研究院副院长、浙江省中小学心理健康教育指导中心办公室主任)

序二

葛列众

在我的理解中，小组辅导是心理健康辅导中针对小团体的一种专门技术，由经过咨询训练的心理学工作者具体实施，从发展和预防角度进行干预，改变参与者的行为和态度。骆宏博士的专著专门论述了小组辅导的基本概念和具体实施的技巧。尽管这本书主要的受众是学校心理健康教育老师，但小团体辅导在各行各业中都会有。例如一个单位组织一次员工的讨论，都有小组辅导的味道。这也意味着不仅仅是学校的心理健康教育老师，只要对这项咨询技能感兴趣的读者都会从这本书中有所收获。读者从中既可以学到小组辅导的理论知识，也可以通过联系实际，在教育实践中具体应用。

当前心理治疗呈现不少新的趋势，理论越来越强调通用，服务对象在不断扩大，疗程要求简短，手段则要求多样。小组辅导在目标、内容和操作形式上顺应这种趋势变化，其优点是显而易见的！加之我国心理学工作者与服务需求相比远远不够，这可能会使得小组辅导这种形式在现阶段更具有独特的优势。

我认识骆宏博士好多年了。他为人诚恳、学识渊博，从医学院毕业后，得到了正规的心理学训练，获得了心理学博士学位，并拥有国外访学的经历。近年来，他一直在从事应激管理、心理咨询和健康保健工作，有着丰富的实践经验，在心理咨询、心理健康相关的领域中有着自己独到的见解和看法。与现在社会上那些学了点心理学常识就自称心理大师、做了几年心理咨询工作就自封为所谓的专家学者的人相比，骆宏博士实在是一位让我敬佩的学者和实干家。

这里要专门提一下"焦点解决模式"。2006 年，骆宏博士第一次在学校向全体心理系的老师介绍了他对焦点解决模式的理解和初步应用。当时我建议他既然推崇这种理论,就要坚持去应用,在实践中再去总结,只有这样才能在今后跳出别人的理论,整合出自己的东西。2010年年初,我看到他的《焦点解决模式》一书,书中总结了不少他几年来对于这一模式的应用感悟。而在这本书中,他又把近年来这种模式在小组辅导设计中的应用实践呈现给我们,内涵上又让我们看到了他对这一模式新的理解,让我们看到了他不断学习和自我成长的过程。

我身边能够这样抓住一个兴趣点,朝着一个研究方向不断实践、研究、总结的年轻学者不多。他的专著出版是他多年研究、实践的结晶。在这里,我向他表示祝贺,也希望他以后会有更多的成果。

(作者系浙江理工大学心理学系主任、教授、博士生导师)

目　录

序一/朱永祥 ………………………………………………………………… 1
序二/葛列众 ………………………………………………………………… 3
导言 ………………………………………………………………………… 1

第一章　小组辅导概述 ………………………………………………… 1
第一节　小组辅导的基本概念 ………………………………………… 3
一、小组辅导的含义 …………………………………………………… 3
二、选择小组辅导的理由 ……………………………………………… 4
三、小组辅导对学生的价值 …………………………………………… 7
四、小组辅导所涉及的核心技能 ……………………………………… 9
五、小组辅导的不足 …………………………………………………… 11
第二节　小组辅导的组成 ……………………………………………… 13
一、小组辅导中的辅导教师 …………………………………………… 13
二、小组辅导中对学生的选择 ………………………………………… 16
三、辅导助手的选择 …………………………………………………… 21
四、亚团体 ……………………………………………………………… 23
第三节　小组辅导的创建 ……………………………………………… 26
一、小组辅导的创建地点 ……………………………………………… 27

二、小组辅导的时间和频率 ……………………………………… 28

第四节　小组辅导的基本要素 ………………………………………… 30
　　　　一、小组团体大小 ……………………………………………… 30
　　　　二、小组辅导的次数、每次的时间长度和相隔时间 ………… 31
　　　　三、辅导教师的人数 …………………………………………… 32
　　　　四、小组辅导应当何时会谈 …………………………………… 33

第五节　小组辅导的运作机制 ………………………………………… 33
　　　　一、小组辅导中的辅导关系 …………………………………… 33
　　　　二、小组辅导中的有效性力量 ………………………………… 34

第二章　小组辅导的基本技术 …………………………………………… 41

第一节　基本心理诊断技术 …………………………………………… 43
　　　　一、心理诊断的概念 …………………………………………… 43
　　　　二、心理诊断的基本技巧 ……………………………………… 45
　　　　三、正确使用心理测验 ………………………………………… 49

第二节　基本心理辅导技术 …………………………………………… 51
　　　　一、关系建立技术 ……………………………………………… 52
　　　　二、参与性技术 ………………………………………………… 58
　　　　三、影响性技术 ………………………………………………… 70

第三章　小组辅导的理论技巧 …………………………………………… 87

第一节　小组辅导的各种技巧 ………………………………………… 89
　　　　一、小组辅导中使用的各种方法 ……………………………… 89
　　　　二、小组辅导中使用的其他技巧 ……………………………… 107
　　　　三、整合各种团体技巧 ………………………………………… 118

第二节　小组辅导的会谈技巧 ………………………………………… 118
　　　　一、会谈初期技巧 ……………………………………………… 118

二、会谈中期技巧 ………………………………………… 123
　　三、会谈结束期技巧 ……………………………………… 126
第三节　使用技巧时的注意事项 …………………………………… 128
　　一、辅导教师容易犯的错误 ……………………………… 128
　　二、辅导教师容易忽略的事项 …………………………… 130
　　三、应对小组辅导中的冲突 ……………………………… 137
　　四、处理各种不同的成员情况 …………………………… 141

第四章　小组辅导的过程 …………………………………………… 153
第一节　小组辅导的准备阶段 ……………………………………… 155
　　一、小组辅导的目标 ……………………………………… 155
　　二、制定辅导计划 ………………………………………… 163
第二节　小组辅导的开始阶段 ……………………………………… 166
　　一、关于小组辅导的相关解释 …………………………… 167
　　二、针对小组成员的一些关注点进行解释 ……………… 170
　　三、营造积极的团体基调 ………………………………… 172
　　四、核对舒适度 …………………………………………… 173
　　五、其他注意事项 ………………………………………… 174
　　六、第一次辅导的结束和评估 …………………………… 175
　　七、第二次辅导的相关内容 ……………………………… 176
第三节　小组辅导的工作阶段 ……………………………………… 178
第四节　小组辅导的结束阶段 ……………………………………… 182
　　一、辅导的结束 …………………………………………… 182
　　二、团体的结束 …………………………………………… 186
　　三、确定计划将改变类化到现实生活 …………………… 188
第五节　小组辅导中的注意事项 …………………………………… 189
　　一、雅各布斯和马森的观点 ……………………………… 189

二、耶罗姆的观点 ·· 190

第五章　小组辅导设计示范 ·· 195
第一节　"抗压少年"辅导课程设计 ··· 197
活动一　了解"抗压少年"项目 ··· 197

活动二　了解你的情感（Ⅰ） ·· 202

活动三　了解你的情感（Ⅱ） ·· 208

活动四　应对愤怒 ·· 215

活动五　了解他人的情绪 ·· 223

活动六　理清思路（Ⅰ） ·· 229

活动七　理清思路（Ⅱ） ·· 233

活动八　积极思考的力量 ·· 238

活动九　解决人际的问题 ·· 246

活动十　远离压力 ·· 252

活动十一　行为改变：设置目标，积极活动 ······················· 258

活动十二　完结篇 ·· 264

第二节　教师压力管理的焦点解决模式设计 ································ 271
一、焦点解决模式下小组辅导的理论假设 ····························· 272

二、焦点解决模式下对压力的理解 ··· 273

三、焦点解决小组辅导的设计 ··· 275

四、焦点解决小组辅导的若干活动形式 ································· 278

五、焦点解决模式小组辅导的若干心得 ································· 281

参考资料 ·· 282

后　　记 ·· 285

导 言

实践中,我们发现不少小组辅导的教师包括小组成员都很容易专注于活动形式乃至活动的趣味性,重视小组活动的寓教于乐,而忽略了他们希望达到的辅导目标(医学角度称之为治疗目标)。为此,在这本书的构思上,我们试图体现出小组辅导功能本身"以解决问题为导向"的一面,即突出小组活动的明确辅导目标和有效心理辅导技能应用,关注的是辅导的实际效果,而非活动本身的教育意义。

第一章,我们给出了小组辅导的"概念框架",内容没有过多纠结于定义、概念的界定与描述,而是试图交代清楚关乎小组辅导有效性的每个环节。

假设我们从未涉及小组辅导,而此刻需要完成一个小组辅导任务,我们会关心些什么?这些内容可能包括了:为什么要选择小组辅导?小组辅导到底可以帮助当事人什么?我是否够格?尝试一个小组辅导,起始阶段要考虑什么?是否该找一个帮手?他该干什么?等等。

对于这些问题的思考,我们在第一章就能迅速地找到答案。以个人学习的经验而言,过去自己在翻阅一些"小组辅导"的参考书时,概念部分常常是被我省略的,总觉得对于我来说,价值不大。然而,多年后的今天,我却越来越关注这个部分,有时看到前辈一个简单的总结概括,就会有种心领神会的感觉,觉得收获太大了,觉得读书要的就是这句话!

第二章,交代了作为一个小组辅导者,必须掌握的心理咨询基本技术,包括诊断技术。客观地讲,这个章节在本书中完全删除也不会影响本书的结构。但这几年来,我在给学校心理健康教育教师进行上岗面试考核的时候,常常发现辅导教师理论知识掌握得不错,但应用起来就全然不是那么一回事,对学生的心理问题和心理障碍分不清楚,不知道什么是规范的咨询谈话。这可能是现在的培训模式平常的实战练习不多的缘故。正是基于这种考虑，这个章节还是保留了。其用意在于提醒大家不要忘记了小组辅导的成败有赖于基本技术的熟练掌握！当然，这方面的技能不是光靠看书可以习得的，哪怕我们把这些内容背得滚瓜烂熟，也未必能够很好地加以应用。所以，这里还是提醒实践者平常要多找机会练习。在每次小组辅导前或者完成小组辅导后，我们不妨快速地翻阅一下基本技术这个章节，或许会有助于我们检查自己是否在个别辅导技能方面还有提升空间。

第三章着重介绍的是一些小组辅导时可以采用的策略和阶段技术。本书没有按照咨询的流派来介绍小组辅导的理论，笔者认为所谓理论只是为了给实践提供指导，从这个意义上说，本章介绍的就是"小组动力"理论。它的用处在于帮助辅导教师更好地把握小组活动的目标，更加清楚自己的职责，以及更好地理解小组成员之间的相互影响。

第四章，实则是对小组辅导操作实务的一个小结。很多内容似乎和前面章节的某个部分有重复，但归纳总结的视角不同。这一章节实际上是把前面章节诸多的元素按照小组辅导所经历的四个阶段进行了概括和总结，这将更有助于我们完整地理解小组辅导的实施。拿射击比赛举例，如果说第三章内容如同在为我们准备弹药，那么第四章则在帮助我们进行实战射击的预演。

第五章，考虑到实战的需要，我们分别介绍了两种理论模式下的压力应对辅导模式。"抗压少年"这个辅导项目采用了教师比较容易掌握的认知行为策略，辅导共十二次，详细介绍了每个活动的内容和要求，力求可以给辅导教师提供模仿和示范。对于这个项目涉及的活动内容，老师可以根据实际进行必要的组合和编排，设计出适合自己工作情境的小组辅导内容。而焦点解决教师压力管理设计，这是与认知行为模式全然不同的一种辅导模式。它非常符合当下积极心理学的理念，但目前国内实践不多，提供的价值在于帮助辅导教师拓展视野，启发新思路。

最后，需要提及的是，本书在很多地方的表达方式上采用了第一人称叙述方式。这不同于一般的学术教材，用意在于我们考虑介绍的是实务，需要拉近与读者的距离，试图营造一种轻松的学习氛围，效果如何当由读者评价。

Chapter 1

小组辅导概述

本章简要介绍了什么是小组辅导,以及小组辅导所涉及的一些要素,包括辅导教师、小组团体和辅导目标,还涉及辅导的基本要素、理论依据和有效成分。这些内容构成了小组辅导的概念框架(见下图)。学习和实践小组辅导,我们首先需要熟悉这一基本的概念框架。

第一节　小组辅导的基本概念

一、小组辅导的含义

小组辅导与团体咨询、团体辅导等概念相同。在本书中,我们特指它是由中小学心理健康教育教师来实施的,关注的对象是那些正在遭遇持续性或短暂性适应不良问题的"同质"学生(或教师、家长)群体。其作用是预防性和发展性的,希望达到的目标则是每个小组成员的适应性改变,包括态度、情绪以及行为的改变等。以下罗列了一些在中小学可能会涉及的小组辅导内容。

(一)以学生为对象的小组辅导

- 注意力训练
- 儿童互助
- 学习困难学生学业成功辅导
- 适应新学校
- 社会技能训练
- 社会适应困难
- 情绪管理训练(焦虑应对、愤怒应对、害羞应对)
- 父母离异
- 辍学学生
- 行为偏差问题
- 预防网络成瘾
- 生涯辅导
- 危机干预
- 住校生适应训练

(二) 以家长为对象的小组辅导

· 父母教养方式训练

(三) 以教师为对象的小组辅导

· 教师压力应对

· 教师同伴互助

· 教师角色适应

· 教师沟通技巧

· 教师动机激发

为了表述的方便,在后面的章节中,我们所指的小组辅导主要是针对学生而言的,但这些内容对于给家长或者教师做辅导同样是适用的。

二、选择小组辅导的理由

许多时候,对于辅导教师来说,心理活动课、个体辅导以及小组辅导都可以达到同样的教育目的。为什么一定要选择小组辅导?鉴于小组辅导的环境、效果、资源等多方面的因素,前人给我们总结了很多理由。

(一) 高效

小组辅导中的成员是有共同需要的多个学生,也就是我们常说的"同质"团体,这可以节省我们大量的时间和精力。假设一位心理辅导教师需要为300名学生提供心理辅导,如果是采取一对一的个体辅导模式,那么用一学年的时间也解决不了多少同学的问题。然而,如果这位辅导教师借助小组辅导来提供建议、澄清价值观、帮助个人成长、提供支持或解决问题,就能满足更多学生的需求。从这个意义上理解,小组辅导提供了一种框架,它能更有效地利用时间以便心理辅导教师为尽可能多的学生提供服务。

(二) 资源和观点的多样性

无论是分享信息、解决问题、探索个人价值,还是发现大家拥有共同的感受,同一团体的学生可以提供更多的观点,提供更多的资源。舒尔曼曾用"分享资源"一词来描述团体中多种资源的相互作用。在一个团体中,学生常常表达和讨论各种各样的观点,这就是参与小组辅导的最大益处。当只有两个人在一起时,他们有可能拥有相似的信息、价值观或看待世界的方式,但在团体中,情况却常常并非如此——每个学生都有自己的观点和想法,这使得参与小组辅导的经历更具价值,也更为有趣。

(三)共同的体验

在生活中,我们总会发现,学生常常认为他们的感受是自己所独有的。所以,在个体辅导时,我们会听到学生这样悄悄地问我们:"老师,你以前有没有遇到过像我这样的问题?"对于这类问题,参与小组辅导的同学很容易找到答案。在团体中,他们会发现其他人也有着和自己类似的想法和感受。当小组团体内的学生分享个人的担忧、思想和情感时,他们通常都会惊讶地发现:团体中的其他人也有着类似的困扰。这也就是"普遍性"的意义。从心理学的角度来说,一旦一个人能够意识到自己的遭遇具有普遍性——"原来大家都是这样的",仅仅因为这种体验,就具有足够的"治疗"效果。这一点,对于帮助新生进行入学的适应性训练具有特别的意义。

(四)归属感

心理学领域的老前辈,特别是人本大师马斯洛早已指出,人类有强烈的归属需要,即感受到自己属于某个群体。从这个意义上讲,参加小组辅导使得同学们感到自己归属于某个团体,部分满足了他们的那种归属感需求。在小组辅导中,学生通常会彼此认同,然后感觉自己是整体的一分子。在学生团体领域之外,大量团体心理咨询、心理治疗、心理辅导群体,例如美国老兵团体、妇女团体、男性团体、有前科者团体、成瘾者团体、有成瘾行为的青少年团体、残疾人团体和老年人团体等各种类型的小组辅导实践都证明了归属感的好处。参与过小组辅导的成员往往会这样认为:被接纳的感受是团体中最重要的!不难理解,对青少年而言,这一点显得尤为重要。这一方面也解释了在学校里会流行各种团体的原因。

(五)技巧练习的支持性环境

任何心理技能的熟练应用其实都需要在特定的生态环境中加以练习。小组辅导的好处则在于,为小组成员应用这些学到的技能提供了一个安全的练习场所。在真实的情景中,尝试新技巧和新行为之前,参与小组辅导的学生可以先在一个支持性的环境中进行练习。小组提供的氛围使小组成员对各种新行为的探索几乎没有任何限制,学生可以练习如何交友,怎样变得更加果断,如何要求提升,怎样与生活中的重要人物交谈等等。他们也可以分享自己的一些隐私,和他人就某一问题的不同观点进行争论,讨论不同问题,说话时看着对方,在他人面前哭泣,同他人一起大笑,一起唱歌,或者表达与他人不同的意见等等。正是因为在小组环境中可以进行这类练习,这些互动技巧才能在生活中得到有效的运用。

(六)反馈

小组辅导为学生提供了接受反馈的机会。团体反馈通常会比个人反馈更加有效,因为如果仅有一人提供反馈,接受者往往不会采纳意见。但是,试想:当六七个人秉持同一观点,提供同样的反馈,个体就很难不接受所反馈的信息了!众口铄金就是这么回事。在以行为演练为主要内容的小组辅导中,他人的建议、表现出的态度和观点都是很有价值的反馈信息。

(七)替代学习

替代学习指的是个体可以从有类似经历的他人身上学习到很多经验性的东西。不难想象,替代学习在小组辅导中所具有的积极价值。学生经常有机会了解到他人存在和自己相似的担忧。很多情况下,他们会说:"那恰恰是和我一样的问题。"其他一些学生还会说:"听了你的发言,我真正意识到了自己的恐惧和困扰。"这些就是替代学习的开始。

(八)与真实生活的相似性

小组辅导比个体辅导能更好地反映真实的生活。团体是社会的缩影,是一个"微型社会",有时小组辅导甚至可以成为家庭或学校生活的暂时替代物。在团体相对安全的氛围中,学生能够辨识并讨论情感、行为以及一些态度,诸如对抗、严厉、恐惧、愤怒、怀疑、沮丧和妒忌等。在团体环境下暴露出这些,可以帮助学生学会表达和应对的方法,并将这些方法应用到他们的日常生活中。

团体提供的社会情境还有许多其他方面的价值。它不仅可以使学生对自己的不良情绪和行为进行详细的审察和处理,同时,学生还能在接受小组辅导的几周或几个月内发现他人对自己真诚的回应。

(九)承诺

在团体情境下对特定问题做出的承诺通常更具有约束力。虽然在一对一情境中(辅导教师——问题学生),学生也常会许下承诺,但是,如果是在一群同学面前许下承诺,恪守它的动机就会更强烈。在不良行为控制如网络成瘾等的一些小组辅导活动中,公开承诺通常是非常有效的方法之一。在心理学中,有不少研究发现:在这类团体中,学生可以比较容易就做出可能的行为改变,再加之辅导教师或者小组其他成员提供支持、适度的期待以及个体激发不使团体失望的愿望等力量,小组辅导相对于个体辅导,往往能产生更为强大的改变效应。

三、小组辅导对学生的价值

小组辅导除了上述一些特有的优点之外,对于学生群体来说,它还有自己特别的价值和意义。

第一,小组的形式对多数学生来说是很具有吸引力的,因为在学生时期所学的许多东西经常依赖于所处的这个团体的规范。对某些人而言,因为他们需要从别人那里获取信息,加之他们通过"听"的所得要胜于通过"说"的,所以小组辅导的效果会更好。但在体会了小组辅导的诸多优点后,或许还有不少辅导教师会产生这样的困惑:强调小组辅导的优点和价值是否意味着对学生来说,个体辅导的作用不大?确切地说,这个问题很难回答。因为在不同的人、不同的情境之间,差异是很大的。有时单独进行个体辅导或单独进行小组辅导是最好的,而有时需要同时进行个体和小组辅导,其效果才是最佳的。如果一定要讲孰优孰劣,可能对于大多数辅导教师来说,小组辅导的价值会更大一些,特别是当辅导对象是存在各种心理问题的学生,他们往往更乐于和同辈而非成人交流,因此选择小组辅导会更适合一些。

第二,小组辅导为学生提供了同伴强化的机会。每个学生都有机会学到或改善自己在社交互动中强化别人(比如认识的人、朋友、家人、团体中的学生或老师等)的能力。所以辅导教师是在创造一种环境,使每个学生在团体中有许多机会强化别人,同时也学习如何做以及得到肯定。强化在社会中是个非常有价值的技巧。当一个人学会强化别人,同时也会得到别人的强化,而彼此之间的欣赏也会逐渐增多。

第三，由于小组辅导和普通的同伴团体类似，所以小组辅导比起有家长和学生（上下关系）参与的个体辅导，更能激发作为"当事人"的学生的坦诚。因此，小组辅导就是从"在团体环境中学到一个新行为"扩展到"在社会中的表现"的一个中间阶段。

第四，小组辅导能提供许多示范、行为预演、监控成效以及练习。同时，小组辅导还能提供许多想法，学生可以使用头脑风暴法想出目标、替代行为、强化甚至是辅导策略。小组辅导的另一个重要好处是：团体是自然的实验室，学生可以练习讨论领导技巧，而这些技巧是建立良好人际关系的基础。而且，在小组辅导中，协商和获取的问题解决技巧可以随时用到，因为学生必须能够解决小组团体内的问题，并协调各个学生之间的差异。在互动过程中，团体经常会建立规范以控制学生的行为（规范指的是学生之间非正式的默契，如团体能够接受的行为及互动模式）。如果辅导教师能制定这些规范并有效地坚持实施，那么它们会是非常有用的辅佐工具，因为团体促使这些不遵守规范的学生遵守规范，例如准时出席、强化表现好的同伴、有系统和仔细地分析问题、帮助同伴处理问题。

当然，如果辅导教师使用不当，也会出现相反的效果。比如某个学生小组表现出的团体规范是：轻浮、不做事、对自己的问题沉默不语。为了预防或减少这些问题所造成的影响，辅导教师可以运用各种团体问题的处理技巧来修正团体规范；也可通过一些方式，如调整团体凝聚力、地位或沟通模式，促进个人和团体目标的达成。当人际冲突或过度戏弄别人等情况出现时，首先处理这些问题是很有必要的。如果无法扭转负性团体动力，或团体中的问题一直无法解决，那么小组辅导的效果就会不突出。

第五，在小组辅导中，学生必须学习和不同性格的人相处。他们必须学会忍受个别差异，甚至有时候必须得学会处理个别差异。他们也必须学会给其他学生反馈意见和建议。在帮助他人的情况下，他们也可以因此而练习如何帮助自己，他们会发现自己有了助人技巧和知识。而且，他们还有机会学到给予和接受批评与劝告的技巧。这些都是日常生活中经常出现并且是相当重要的人际互动。通过给别人反馈并接受反馈的训练，学生会知道什么行为会令人讨厌，什么行为会让人高兴，什么样的想法在别人看来是在贬低自己。团体是学生主要的反馈来源，通过学生之间的反馈,辅导教师可以更了解学生,并促使学生接受原来的团体目标。同时,辅导教师也可以利用观察学生和其他人互动情况的机会,进一步强化评估。

总之,小组辅导所提供的学习和成长环境对于青少年学生群体来说无疑是融入社会前的一次练兵环境。

四、小组辅导所涉及的核心技能

当儿童进入青少年阶段,如果他们能在和父母及老师的关系中体会到信任、支持以及爱护,那么他们就能自在地处理同伴关系。处于青少年阶段的他们渴望自己能掌控自己的生活,如果大人很专制或不支持,他们就会在大人认同之外,寻找属于自己的自由和人际关系,以致不可避免地会产生情绪困扰。

小组辅导中的青少年最典型的特征是正常的发展过程受阻。对较年长的儿童和青少年来说,同伴团体是最主要的社会化环境,小组辅导可提供预防和矫正的环境,协助他们顺利发展。从某个角度来看,小组辅导强化了青少年的社会化行为。

总的来说,小组辅导训练小组成员有四种不同的应对技巧:人际、问题解决、认知与情绪反应及自我管理。这些核心技能直接或间接都以处理具体的问题情境为目标。在小组中,每个人各有其不同的辅导目标,是否能完成目标需要依赖这些技巧的实践程度。这几类核心技能详细描述如下,但是必须注意的是,这些技巧彼此之间都是有重叠的。

(一)人际技巧

人际技巧(或社交技巧)指的是"在既定状况下证明是有效的,或者最有可能在互动者身上引发、保持或增进正向效果的反应"。这个定义强调情境和互动。互动是团体的基础,因此它不同于个体辅导,同伴团体是教导学习人际技巧的最佳环境。人际技巧对青少年的健全发展是至关重要的。小组辅导涉及的青少年主要是缺乏社交技巧,因此无法建立良好的社交关系和社交信心。

当青少年的人际技巧增加时,其社会地位就有可能改变。辅导教师可以为青少年安排机会,让他们扮演和同伴之间相处时不一样的身份。比如,辅导教师可以让小组成员扮演"辅导教师"的角色,让他们展现出多种技巧。这些经验或许可以让他们觉得自己越来越有能力，从而加强他们的自我效能。

(二)问题解决技巧

越来越多和问题解决技巧相关的治疗策略运用在处理儿童及青少年问题上。Spivack 和 Shure 评估并教授青少年人际和认知方面的问题解决技巧（简称为 ICPS）。研究发现，ICPS 能力高的人适应状况比较好，于是他们就试着教儿童关于 ICPS 的能力。研究结果发现，一旦孩子学到认知能力，其适应能力也会相应地提高，并且在以后也能一直保持这种能力。

问题解决技巧是一整套训练青少年适应力和人际效能的有效方法。Spivack 和 Shure 认为其中最基本的技巧有：1. 弹性思考，即能想出多种办法解决人际问题的能力；2. 推论结果思考，即预测某个特定选项可能有的短期和长期结果，并对此做决定的能力；3. 对方法和结果的思考，即规划解决问题的方法或行动步骤的能力。最后一项对达成目标是非常重要的，它包括了解必须克服的困难，安排切实可行的计划。

(三)认知应对技巧

认知包括想法、想象、价值、思考模式、自我对话或根据言语及外在行为推论的个人内在事件。认知应对技巧指的是能够利用思考来处理内在或外在事件，例如分析自己想法的能力、察觉自我攻击的能力、观察并复诵自我对话的能力、鼓励自己的能力。虽然各种能力都很重要，但由于认知改变对诱发焦虑和抑制行为的想法具有矫正的功能，而且又是促进社交行为的手段，所以促进认知改变是最重要的目标。像"每个人都觉得我是怪人"的自我对话，不但会引起焦虑，还会使人更不想行动或是采取无用行为。但是对话做一些调整，比如"没错，我在许多地方和别的孩子不一样，有些部分我很喜欢，有些部分我会改"，或许就能传达比较正确的评价和改变的方法。多一些自重，也能降低焦虑，最后就可以改善其社交行为。从自我教导的观点来看，认知改变可以帮助一个人成功地应对一些如演讲或者面试等重要事件。

另一种认知应对技巧是道德推理。根据 Arbunot 和 Gordon 的观点，少年犯比起非少年犯，其道德推理的层次较低。这意味着，处于犯罪边缘的青少年若能接受道德推理提升的辅导，认知和行为上都能获益。

需要注意的是,认知应对技巧并不是唯一的应对技巧,只要是有助于小组成员处理压力或诱发愤怒的情境,都可认为是应对技巧。但是,最有用的技巧之一是在压力情境下放松的能力。如果小组成员能放松地应对压力刺激,那么他们就能更有效地运用其他的技巧。而且,若能将放松技巧熟练应用到日常生活中,就可能提高小组成员的整体生活品质。

安排娱乐和休闲的技巧也是应对技巧之一。在学习这类技巧的时候,小组成员也会有更多的机会学习社交技巧,比如友好地与其他人沟通,面对竞争和输赢时心态平衡,并且能接纳别人。

(四)自我管理技巧

自我管理指的是通过控制自己的内在环境达到控制行为的过程,步骤包括使用环境线索、自我监测、自我教导、自我评估和自我增强。但不管如何,小组辅导结束之后,小组成员可能仍会碰到许多的问题。如果成员是真正学会了这些技巧,那么即使团体结束后能获得的帮助很有限,他们还是有许多的策略可以运用。从这个观点来说,团体中学会的技巧也属于自我管理的策略。

五、小组辅导的不足

尽管小组辅导有许多的优势,但它不是对所有人都是有效的。有一些辅导教师通常不理解这一点,强迫学生参与团体,于是那些不愿参加或还未准备好参加的学生的加入就会破坏团体,并因此而受到伤害,因为团体的压力可能会导致他们采取某些自我封闭的行为。此外,由于时间的限制,有些个体问题无法在团体情境中得到充分处理。当辅导教师发现某位学生的需要超出了小组辅导所能给予的范围或者学生具有破坏性时,就应该鼓励该学生考虑退出小组辅导,选择接受个体辅导。

当然,小组辅导还有其他一些不足之处。许多学生容易受到一些团体压力的影响,而小组辅导可能会增强这一趋势。学生之间的强化和示范,虽然有利于社会目标的达成,但也有可能因此而巩固了反社会和反辅导的规范。除此之外,不良习惯的蔓延和相互攻击等现象与个体辅导相比,在小组辅导内更容易失控。为了更有效地进行小组辅导,辅导教师既要试图找出学生的共同目标,又要注意每个学生的个别需求，但这是很困难的。当然，假如一开始就和学生讨论，之后每隔一段时间再提醒学生，学生就很少会破坏保密的约定。

小组辅导对于辅导教师来说也是一个挑战。与开展个体辅导不同的是，带领小组辅导需要许多独特的技巧，辅导教师需要接受一定的训练才有起码的资格。辅导教师只有注意到这些潜在的问题，并抓住机会，运用得当，小组辅导的优点才有可能发挥作用。

在小组辅导的实施过程中，也可能存在诸多问题使得小组辅导从理论上讲好处多多，但实践操作就完全不是那么一回事。而有些时候，选择学生参加小组辅导可能会让家长有些担心，是否参加了小组辅导本身对学生就是一次伤害，让学生觉得自己被划归在"问题学生"中，从而更加激发了学生的逆反心理，而直接影响参加小组辅导的动机。下面列举一些在小组辅导过程中经常会遇到的问题：

1. 辅导目标的不一致感是使小组成员感到沮丧的一个主要原因。小组成员疑惑自己对他人的反应究竟与自己的焦虑、恐惧、失眠等症状有什么关系。小组成员无法领悟团体目标与他们的个人目标之间的一致性。

2. 小组辅导的初始阶段，小组成员频繁进出是影响团体发展的最大障碍。任何人想参加就参加，不想参加就可以退出，这种很随意的方式将造成一个支离破碎的辅导形象。这也意味着设计小组辅导的教师需要充分考虑到这一点，一旦小组辅导形成之后，就要防止小组成员随意进出。即便在每次小组活动中，也要防止小组成员任意出入房间或提前离场。

3. 不同于个体辅导，在最初的几次小组辅导中，小组成员可能因为没有获得足够的"表达时间"而产生挫败感，或甚至可能是团体中直接的人际互动唤起了焦虑，辅导教师在准备过程中应该预见并处理这类挫败感和焦虑情绪。

4. "小团体及团体外的交往"这一现象在小组辅导的任何阶段都会出现，对小组辅导的破坏性是相当大的。所以，辅导教师应该在最初和小组成员接触时，就对小团体制订一定的团体规范。

第二节　小组辅导的组成

一、小组辅导中的辅导教师

(一)谁有资格领导小组辅导

小组辅导的专业性常常让不少心理辅导教师望而生畏。与带领一群学生开展活动一样,小组辅导只不过让我们能够更加专业地达到我们期望达到的辅导目标。从这个意义上讲,任何一位教师都有资格作为领导者(leader)来领导小组辅导,只要他(她)想寻求一种经济且有效的方法帮助有类似问题和困扰的个体,那么他(她)就可以利用小组辅导的形式。当然,由于小组辅导对辅导教师的专业要求要高过个体辅导,进行专业的学习就变得非常重要。本书的目的正在于提供心理健康教育工作者一本可以放在案头的工具书。

(二)辅导教师应具有的特征

辅导教师的特征是其成功辅导学生的决定性因素。对于这一点如何强调都不为过。2007年美国咨询心理学家Lambert教授到杭州访问的时候,笔者曾经问了一个问题:该如何在现有国内咨询师培训模式下培养出合格的心理咨询师?对此,他的回答简单到一句话:选拔比培训更重要!

有学者概括了成功辅导教师的十项特征作为辅导教师个人成长的目标,现概述如下:

1. 良好的意愿

成功的辅导教师应该对别人的幸福有诚挚的兴趣。这种利他的品质会帮助我们在辅导小组成员的时候,自然地表现出对成员应有的尊重、信任和关爱。

2. 有能力与人分忧共乐

成功的辅导教师和小组学生相处时是有情感的,要能够感受到学生的伤痛或喜乐，而非仅仅用"老师理解你，但是……"之类生硬的客套话来与学生沟通。由于辅导教师的开放式态度，他们对自己所辅导的学生可以产生一份感同身受之心。

3. 认识并接纳个人的能力

成功的辅导教师具有认识自己的能力，但这并不是说可以支配或利用学生。事实上，由于辅导教师具有自信和活力，他们并不需要一个优越的地位来证明自己的能力。这表现在他们不会过多地在乎如何在学生中树立威信。反之，他们更多地关注如何帮助学生发现个人的能力和学习自立。

4. 一种个性化的辅导风格

一位成功的辅导教师会致力于发展出一套可以表现出个性化的辅导风格。他们会开放地向他人学习，可能会从不同的学派中借用观念和技巧，但最终能发展出属于自己的风格。

5. 愿意开放和冒险

从理想的层面来说，辅导教师应该在其个人的生活中勇于表现出他们乐意帮助学生的态度。因此，他们会愿意冒险，甚至有时出现错误也不在乎。同时，就算对结果不很肯定，他们也信任个人的直觉。他们会从个人的经历中尝试认同别人的感受与挣扎，而在适当的时候，也会分享自己对学生的感受和看法。

6. 自我尊重和自我欣赏

当一个辅导教师感到自己是"成功者"时，他通常都会是一个成功的辅导教师。换言之，他们应该对自己的价值十分肯定，以至于他们不会以自己的短处来与人相处，而是以个人的长处和别人建立关系。

7. 愿意做学生的典范

身教重于言传！这也意味着最有效的辅导方法就是示范。一位成功的辅导教师不会要求学生去做那些自己不愿意去做的事。倘若他们真正重视冒险、开放、诚实和自我省察等特征，那么在一定程度上他们也会在自己的日常生活中表现出来。换言之，如果我们自己也做不到，那么我们就很难教导学生如何做到。

8. 愿意冒可能犯错的危险，并承认曾经犯错

一位成功的辅导教师知道，倘若自己很少有失败的经验，就只会导致很有限的

成就。他们固然知道自己会犯错,但他们尝试在其中有所学习,而不会因此自责。

9. 具有成长的取向

那些成功的辅导教师会保持开放的态度,拓展自己的视野。他们会反省自己的存在、价值观和动机。正如他们鼓励学生学会更独立自主,试图不被他人的期望影响,以自己的价值观和标准来生活,他们会不断地寻找自我知觉,认识自己的恐惧、限制和力量所在。

10. 幽默感

一位成功的辅导教师会认真地面对自己的辅导工作。他们也会与学生一同开怀大笑,甚至自嘲。这种幽默感并不是愚弄学生,事实上幽默感有利于与学生建立良好的关系,同时,也使辅导教师在工作中保持清醒。

除了上述十项特征之外,还有不少用于描述成功辅导教师特征的词语,包括:关怀、公开、灵活、温和、客观、值得信赖、诚实、有力量、耐心和敏感。其他特征还包括:接纳自我和他人、欣赏他人、处于权威地位而感到舒适,对自己的领导能力有信心,以及对他人的感受、反应、心情和言语产生同理心的能力。另一个极其重要的特征是拥有良好的、健康的心理。

除了上述非专业特征外,作为能够胜任小组辅导任务的教师来说,还需要具备一些专业的能力特征,这包括以下几项:

1. 与人交往的经验

成功的辅导教师需要花费大量的时间与各种各样的人交谈,而不是仅限于那些与他们个性或者兴趣爱好类似的人。可以说,辅导教师生活体验越宽广,就越容易理解不同小组成员的个性。辅导教师不仅应具有与人交往的一般经验,还应拥有大量的一对一辅导的经验,这是专业所必需的。因为在领导小组辅导时会出现各种类型的情境,辅导教师具备的个体工作经验越丰富,就越容易同时应对个人和团体。如果毫无个体辅导的经历,领导小组辅导会是非常困难的。

2. 工作经验

有效的辅导教师曾经领导过许多团体,有丰富的领导经验,因此,如果新手辅导教师在团体领导中犯了错误,不必过于自责,而应该从错误中学习,积累经验。如果可能的话，可以从领导组成人数较少的团体开始学习。一旦可以应对自如了，新手辅导教师就可以增加学生的人数，或者尝试领导一个以自己熟悉的主题为中心的团体。但是，在独立领导之前，他们需要与辅导助手一起领导几次小组辅导。

3. 计划和组织技巧

有效的辅导教师是优秀的计划者，他们能够以一种有趣的、有益的，同时又体现个人价值的方式来计划一次或一系列会谈。领导小组辅导时，有效的辅导教师会充分考虑相关主题和所涉及的活动与练习。有效的辅导教师会凭借诸如设置主题、自如地转换主题等方式来组织会谈。

4. 关于主题的知识

几乎在每类小组辅导中，信息丰富的辅导教师都自然地比信息缺失的辅导教师工作得更加出色。辅导教师需要运用知识去激发讨论、澄清问题和分享观点。这也意味着一位辅导教师要领导某个小组辅导时，他（她）必须对该主题的内容非常熟悉，例如：辅导一群有网络成瘾倾向的学生，如果我们自己根本不了解网络，或者说不了解学生喜欢玩的游戏类型及其特点，那么辅导的效果通常就会大打折扣。

5. 对辅导理论的深刻理解

关于辅导理论的知识是理解人及其所生活的世界的关键。辅导理论——例如精神动力学理论、理性情绪行为疗法、认知疗法、行为主义疗法以及后现代学派的焦点解决模式等——有助于辅导教师理解人在其生活和团体中的言行举止。理论能向辅导教师提供各种理解人类行为的方式。如果辅导教师的干预措施背后没有任何理论支撑，那么他们就会发现小组辅导永远无法达到"硕果累累"的阶段。

二、小组辅导中对学生的选择

辅导教师要筹划一个成功的小组辅导时，其中必须要考虑的一个因素是小组辅导的对象问题。在确定辅导对象的过程中，除了要考虑学生的来源（对于供职于学校或机构的辅导教师而言），还有许多细节需要我们去关注。例如，我们打算为学生开设一个人际关系辅导系列，那么在进行宣传和招募之前，我们必须清楚该小组是为一般学生而设,还是为特殊需要的学生而设,辅导对象不同,内容设计就会有很大差异。

(一)甄选学生的因素

无论何时开展小组辅导,都要考虑小组成员构成方面的注意事项。一旦确定了接受辅导的目标(书中指的是中小学学生),辅导教师就需要明确这个小组的成员本身来自一个团体,还是根据自愿加入或挑选加入的原则而加入的。比如要开展一个新生适应性训练,那么小组辅导的对象是由住在宿舍楼一侧的15名新生组成,还是只包括那些希望能参加小组辅导的学生?对于决定谁可以加入,没有绝对的指导原则,要回答这些问题,作为辅导教师首先自己要弄清楚,组织这个小组辅导的预期目的是什么。当然,时间和地点等都是需要考虑的因素。

再如,我们可能还需要考虑,是否将年龄或背景差异较大的学生安排在同一个团体中。辅导教师还需要决定接受小组辅导的学生是来自同一年级,还是来自不同年级。此外,是由同一性别组成,还是由混合性别组成也是辅导教师需要考虑的因素。有的时候,年龄或背景的混合是有益的;但有些时候,这样做就会有破坏作用。由于每一种小组辅导都是不同于其他小组辅导的,因此我们的辅导得事先就规定哪一种团体应该由哪一些学生组成,但是对辅导教师而言,在筛选学生时,需要针对不同的变量进行考虑。

一般来说,以下是辅导教师在甄选学生时需要留意的重要因素:

1. 年龄。在年龄方面,辅导教师要关心的主要是学生的成熟度。总的来说,参加小组辅导的学生的年龄差异不宜过大。因为在不同年龄阶段,学生的经历和所关注的事物往往有异,而且年龄差异太大的话,会比较难以产生共鸣。

2. 教育程度。教育程度往往与年龄因素密切相关,尤其是在儿童、青少年的发展期,各人就读的年级往往是辅导教师需要密切留意的。如果把初一和高三的学生召集到同一个小组辅导中,辅导时就会产生很大的困难。

3. 以前的辅导经验。对不少辅导教师来说,小组辅导中若有人曾经参加过小组辅导,就会有意无意地有助于团体的发展,因为以前的辅导经历使他们了解了一些团体的互动原则。这情形就好像辅导教师、社工或心理学家等专业人士的团体一样,基于大家的专业训练和辅导经验,小组辅导可以训练得很流畅。不过,情况的顺利与否也视个人所拥有的辅导经验的正负而定。如果一位小组成员以前对小组辅导的信念和态度不正确甚至反感时,就会成为团体发展的障碍。当有些小组成员在团体中利用自己的专业知识和能力来进行操纵或抗拒其他小组成员时,情况就会变得更加糟糕。

4. 家庭情况。如果能将家庭情况相似的学生,例如将家庭中有离婚、酗酒、父母残暴等情况的学生安排在一个小组团体中,他们就能得到彼此之间的帮助。不过,也有辅导教师喜欢将有不同家庭背景的学生安排在同一个团体中,目的是希望有多种生活方式和经验。

5. 学生之间的关系。这是一个经常被忽略的问题,尤其是在一个组织或机构内举办的小组辅导,辅导教师要十分留意,看看学生之间是否有特殊的关系或情绪因素会影响他们在小组辅导中的言行。例如,当两个人在日常生活中已有成见时,在小组辅导中也往往会给予有偏差的反馈。一个比较简单的解决办法是:尽量让学生预先知道其他参与者都是哪些人,好让他们自己决定是否乐意加入该小组辅导。

(二) 其他甄选因素

在甄选过程中,辅导教师还需要清楚小组辅导的性质、形式和目的,并考虑到加入的小组成员的期望和需要,是否愿意向他人倾诉个人的问题,是否愿意配合小组活动设计,每个小组成员是否有起码的能力与其他成员相处。此外,要考虑他们的身体和精神状况是否适合参加小组辅导。事实上,在进行规范的小组辅导前,通过小组辅导前的面谈,排除那些不适合参加某一特定小组的学生,也是对辅导教师作为专业性人员的要求之一。

甄选的另外一个作用就是可以排除那些可能阻碍或破坏小组辅导进程的人。辅导教师最好对想要参加小组辅导的学生说明,甄选面谈的设计是双向性的,辅导教师和申请者都可以选择对方。另外,也可以让学生自己承担部分甄选其他成员的工作,自己作出选择。此外,在小组辅导的最初的一次活动中,辅导教师可以尝试让一些不确定是否继续参与下去的参加者再做出"去或留"的决定。

若期望学生能通过小组辅导得到帮助,辅导教师应预先向学生解释小组辅导的设计、功能、目的、运作情况以及对学生的期望等。一个始终需要坚持的原则就是，辅导教师不应该勉强学生加入，应该由他们自己决定是否参加。不过，要特别关注以下这种情况：有些学生其实是由于辅导教师的权威形象而不敢坦白表达自己的意向。虽然口头上答应，但内心充满了抗拒。这样的学生即使参加了小组辅导，也无法积极参与其中。小组辅导中出现这种现象，不但对他们个人没有什么好处，甚至还会影响其他学生和整个团体的辅导效果。因此，辅导教师要切记，注意学生是否真正自愿参加小组辅导。

当小组辅导中出现一些不自愿的学生时，辅导教师该如何处理呢？其实，这一问题的处理，与个体辅导的处理方法一样，首先要从小组辅导中解散这些学生。因为当存在这一问题时，学生不仅无法在小组辅导中得到帮助，反而会影响整个小组的运作和发展。

(三) 筛选学生的方式

1. 个人面试

个人面试虽然耗时，但它是最佳的筛选途径。这种方法最容易评估学生是否适合参加小组辅导，而且能够为辅导教师提供接触候选学生的机会。辅导教师可以将小组辅导的概况，即辅导内容、过程、学生构成和规则等告知希望加入的学生。另外，个人面试也使候选学生有机会针对小组辅导提出他们的疑问，还使辅导教师有机会确定小组辅导是否适合他们。在个人面试时，以下一些提问方式可以帮助辅导教师甄别学生：

- 你为什么想加入小组辅导？
- 你对小组辅导有什么期望？
- 你以前参加过小组辅导吗？如果参加过，那个小组辅导的情况是怎样的？
- 你想从小组辅导中获得怎样的帮助？
- 有没有你不想处于同一小组辅导内的人？
- 你认为你能为小组辅导做些什么？
- 关于小组辅导或辅导教师方面，你有什么问题要问的吗？

  与候选学生个别接触 个人面试是辅导教师和学生在小组辅导正式开始之前的面谈,辅导教师不能将其变成简单的一问一答,而应该意识到面谈是他(她)和学生之间辅导关系的开始。辅导教师需要运用许多和个体辅导相同的技巧,如关注、倾听和探索,但不能使面谈变成一次辅导或咨询会谈。一个实践中存在的问题是,辅导教师常常由于面谈过于正式或者将其变成了辅导或咨询会谈,反而疏远了与学生之间的关系。面谈应当尽可能舒适,同时辅导教师要对候选学生的需求和目标进行评估。

  告知学生有关小组辅导的情况 在筛选面谈的过程中,辅导教师可以解释小组辅导的目标、辅导将可能怎样进行以及其他一些相关信息。如果小组辅导是一个咨询小组,那么辅导教师要将运用到的理论告诉学生;如果是支持小组,辅导教师可以向学生举例说明分享的内容。为了让学生对小组辅导状况具有感性认识,辅导教师可以准备一些以往类似活动的照片或者宣传资料帮助学生加深理解。

  评估适宜性 通过提问有关小组辅导类型的问题,辅导教师评估候选学生是否适合该小组辅导。在个人面谈中,辅导教师会发现那些需求和小组辅导计划不一样的人。对于支持小组,辅导教师可能会发现有些候选学生需要的是个体辅导(或小组辅导);对于辅导类型的筛选,辅导教师要评估小组辅导和个体辅导,哪一个能更好地满足学生的需要,就选择哪一种辅导形式。

  2. 书面筛选

  另一种筛选方法是请候选学生填写一张表格。表格中包含了一些必要的信息,有助于辅导教师决定此人是否适合参与小组辅导。有时候辅导教师需要的信息只是一般如年龄、年级、性别、生活环境以及其他重要信息。当选择是仅依据书面材料时,辅导教师必须牢记所有相关问题。

  也可以将之前个人面试时所罗列的问题作为书面筛选的一部分,当然,选择什么问题取决于辅导目标。如果涉及的话题比较敏感,如父母是否离异或者是否有异性朋友,辅导教师可以将其列出,请候选学生谈谈他们对于谈论这些话题的感受。有些辅导教师请学生写一个简短的自传以此作为筛选的依据。有效筛选的关键是能找出所需的信息,以便选出一组可以互相分享和共同学习的学生,组成一个小组辅导。

3. 通过推荐筛选

另一种筛选方法是，辅导教师将辅导目标和需要的学生类型等信息告知可能的推荐者，比如班主任或学生家长。从某种意义上说，这些人通过推荐合适的、可被小组辅导接纳的候选学生，从而完成筛选。辅导教师如果运用这种方法进行筛选，那么必须要确保那些推荐的人要充分理解小组辅导的目标和所希望的学生类型。

4. 在小组辅导开始后筛选

针对候选学生进行一次初步的小组辅导也是一种筛选候选学生的方法，这样便于候选学生了解自己参加小组辅导是否是最佳的决定。另外，这样做还能使辅导教师有机会在团体情境下观察候选学生。有时辅导教师甚至需要在小组辅导开始后筛选学生。对于在小组辅导开始前无法进行筛选或筛选不够彻底的团体，辅导教师可以在初次会谈中指出：在小组辅导进行一两次会谈之后，打算和每位学生进行面谈从而决定谁能继续参与小组辅导。当小组辅导开始前不可能进行筛选或者有必要筛选出某些不适合小组辅导的学生时，这种筛选是一种组建团体的较好方式。

小组辅导开始几周以后，可以进行另一种筛选，即请学生用大概五六百字写一写关于小组辅导的重要性和其原因，以及他们想从小组辅导中获得什么。辅导教师规定，只有那些完成作业的人才可以留在团体中参加以后的小组辅导。如果辅导教师想淘汰那些不愿在团体中做出承诺的人，那么这是一种不错的筛选方法。

三、辅导助手的选择

小组辅导的辅导助手是一种可能积极也可能消极的力量。如果辅导教师和辅导助手彼此之间配合一致，那么就是积极的力量；如果辅导教师和辅导助手之间意见不同，那么他们之间的摩擦就会变成影响小组辅导效果的消极力量。

(一) 安排辅导助手的优势

与一位或多位同事共同主持小组辅导有许多优越之处，尤其对于新手来说更是如此。有辅导助手的一个主要优势就是带领一个团体更加容易。辅导助手会为团体计划提供不同的想法，并能够提供支持，特别是当领导紧缺或团体较难领导时，辅导助手常常为学生带来不同的观点和各种生活经历，为他们提供可供选择的观点和信息。每一位辅导助手的人际交往风格上的差异,也可以为团体的发展或基调带来变化,使团体活动更加有趣。某些情况下,在小组辅导过程中可能需要一位对某一特定群体具备许多特定知识的辅导助手。

辅导助手可以成为学生的榜样,合作出色的辅导助手会向学生演示有效的互动和协同工作的技巧。在某种类型的小组辅导中,男性和女性结成的合作小组也可以充当父母的角色,从而帮助学生处理未解决的家庭问题。但是需要注意的是,辅导助手并非一定是异性。许多小组辅导是由同性领导小组成功主持的。学生对辅导助手是女性还是男性并不存在感觉上的差异。

有辅导助手时,辅导教师还有机会从辅导助手那里得到反馈。另外,观察辅导教师处理各种状况的过程也能帮辅导助手学到许多东西。为了最大限度地观察非语言线索,辅导助手可以坐在学生围成圆圈的相对两端,这使他们有机会能轻易地保持目光接触,同时又可以从不同的角度观察学生。

当一个即将主持小组辅导但之前从未做过辅导教师的人接受培训时,首先学习做辅导助手是一种锻炼自己的非常好的方法。通过为一位有经验的、优秀的辅导教师做辅导助手的几次经验,辅导助手能逐步走向成熟,逐渐培养出独自领导一个小组辅导的能力。

(二)安排辅导助手的弊端和问题

安排辅导助手也可能会出现许多弊端和问题。对于某个特定机构而言,其中一个弊端在于增加了一个辅导教师可能会让小组活动时间受到影响。此外,辅导助手的问题主要产生于辅导教师和辅导助手在态度、风格和目标上的差异。当两位辅导教师看待团体领导方式的角度不同时,辅导助手就会带来不利。又如当两位辅导教师风格迥异,或者在某项具体的活动安排上意见相左时,一般就不需要辅导助手。差异性可以是有价值的,但是完全不同的风格通常会引发摩擦、挫败。例如,如果一位辅导教师接受的培训主要关注过程,而另一位却关注结果,那么两人都将因对方的领导风格而感到挫败。

辅导助手还必须愿意腾出时间来计划每次会谈和分享反馈。如果辅导助手不愿为计划花费必要的时间,那么辅导助手的优势也就根本不存在了。

总而言之,是否选择辅导助手取决于许多因素,最重要的是辅导教师的领导风格、学生的需求,以及是否可以找到一位愿意承诺在这项共同的冒险活动中进行计划与合作、彼此相容的辅导助手。无论选择哪一位辅导助手,对辅导教师而言,重要的是要在小组辅导过程中保持前后一致的步调,并朝着共同的目标努力。这需要辅导助手仔细聆听彼此的发言,同时留意彼此的非语言线索。除此之外,辅导助手还应该注意观察学生,寻找促使领导风格更加融洽的办法。

四、亚团体

亚团体俗称"小团体"。成群结伴的现象发生在每一个社会组织里。在小组辅导中,这种现象也不罕见。在小组辅导的过程中,亚团体的形成是无法避免的。亚团体的形成可能是短暂的或持续的,也可能是有益的或有害的。但如果能够对亚团体进行了解并加以有效利用,那么亚团体将会很好地推动小组辅导工作的开展。

亚团体形成的主要原因是,有两个或两个以上的小组成员认为从彼此关系中所获得的满足感要远远大于从整个辅导团体中获得的满足感。亚团体常见的联盟形式有多种,包括彼此相当的文化程度、相似的价值观、相仿的年龄或团体地位、团体外的社交活动。亚团体的形成通常始于三四个小组成员开始互相通电话,一起喝咖啡或吃饭等等。一些大型的社会组织,尤其是比小组辅导团体人数多的组织,往往会因某种属性而形成相互敌对的党派——形成两个或更多相互敌对的亚团体。但是,在小组辅导中,这种情况很少会发生。通常,一个亚团体的形成会将团体的其他小组成员排斥在外,而其他成员通常没有很好的社交技能,故不能形成第二个亚团体。亚团体成员通常认定他们有共同的行为模式:不论同伴说什么,自己一律表示同意,并不予对质;当其他人发言时,他们会互相交换眼神示意;在团体中,他们同进同出。

(一)亚团体的影响

亚团体的形成,不论是被亚团体吸纳或排斥,团体内的成员都会不同程度地受到影响。

1. 吸纳

属于亚团体的团体成员,无论亚团体成员是多是少,他们常常会觉得团体生活变得复杂,并经常处于矛盾之中。例如,当辅导目标跟亚团体目标有冲突时,该怎么做?例如,如果一个人遵守辅导团体所制定的规范而自然地流露出自己的情感,但这样做又会破坏他(她)与亚团体成员建立的亲密信任感。

亚团体妨碍了小组辅导的进程。小组辅导的主要目的是促进每个小组成员的人际交往。当两个成员彼此非常熟悉,虽然彼此双方都有可能相互促进,但实际上在团体中他们彼此的谈话很少。由两人组成的亚团体,通常最终的解决办法就是使其中一个人离开小组辅导。

当然,亚团体积极的联盟关系也能促进小组辅导的进展。团体的系统论观点认为,亚团体的形成是阐述、包容以及最终整合各种冲突或烦恼的必要成分。在实践中,要使亚团体发挥积极的作用,就必须使亚团体在小组辅导中清晰表明和体验冲突的正反两个极端。因此,辅导教师可以主动地指明亚团体(而非转移团体的功能)成员一些内在的、关于人际交往的基本忧虑,并促使亚团体在辅导团体中发挥作用,彼此承担自我坦诚所导致的危险性。

2. 排他

被亚团体所排斥也会使小组辅导进程变得复杂。被排斥者往往会有很大的焦虑情绪。如果这种焦虑情绪无法消除,那么他们将会变得软弱无能。让被排斥者陈述被排斥的感觉是非常困难的。因为他们不想挤入亚团体,也不想讨论亚团体的现状,以免激怒亚团体内的成员。

事实上,对辅导教师而言,没有任何事情比和小组辅导内成员的相互关系更为重要。如果辅导教师自己不愿意提出所有和小组成员有关的事情,反而期待小组成员这样做,那根本就是无稽之谈。假如辅导教师觉得自己陷入两难处境,一方面知道必须将这种观察到的情况带入辅导团体中,另一方面又不想被当做"间谍",那么最好的解决办法就是与辅导团体分享两难处境。辅导教师把自己的所见所闻、对此事的种种不自在的感觉和不愿意对此进行讨论的心态统统都在团体中说出来,供大家讨论。

(二)亚团体的成因

亚团体是由团体和个体力量的共同作用促成的,有些小组辅导(和有些辅导教师)形成亚团体的机会特别多;而有些个体无论置身于何种小组辅导,必定会成为亚团体中的一员。

亚团体形成的原因有很多。一方面,亚团体的形成可能意味着辅导团体中充斥着没能宣泄的敌意,尤其是对辅导教师的敌意。如果辅导教师权威过高或限制性过强,那么辅导团体很容易分裂成为内团体和外团体。小组成员无法直接对辅导教师表达愤怒和挫折感,他们就会聚集在一起,把其他成员当做替罪羊加以围攻,借以间接宣泄他们的感受。另一方面,小组成员会选择秘密结盟的方式以求得个体的满足感,而不是寻求个体自身的改变。事实上,自身的改变才是辅导的主要目的。个体需求受挫往往出现在辅导的早期阶段。例如,学生强烈地渴望亲密或控制他人,当他们很快意识到在团体中不可能满足这些需求时,他们经常会尝试在团体之外求得满足。

从某种意义上来说,这些学生的"外出活动"是因为他们在团体外可以从事一种有计划的、有象征意义的活动,以缓解他们自身内在的压力。"外出活动"是抵抗辅导的一种方式。只有当个体拒绝自行监察,又拒绝团体监察他们的行为时,才会发生"外出活动"。没有被团体观察到的团体外行为有可能成为小组辅导的强大阻力;相反,团体外的行动倘若能带入团体,并加以有效利用,就可能具有很好的辅导价值。

(三)出于小组辅导的考虑

对于亚团体的原则是:只要不放弃辅导目标,团体外的任何活动都可能有很多好处。假如小组辅导把这样的聚会看做是团体活动的一部分,还对此进行分析,那么团体将会获得许多有价值的信息。为了达到这个目标,参与的学生必须把所有发生在团体之外的重要事情向小组辅导汇报,否则将破坏团体的凝聚力。因此,一个重要的原则是,亚团体本身并不会破坏团体,弥漫于亚团体中间的"共谋的沉默"才真正可能会破坏团体。另一方面,亚团体的聚会过少也是危险的。实际上,每周只会谈一次的小组辅导团体,经常会感到亚团体的破坏性要大于它所带来的益处。团体从没有直接关注过团体外的社交活动，同时也没有在团体中分析相关人员的行为。

辅导教师必须鼓励团体内的学生公开讨论和分析团体外的所有社交活动以及在团体内的联盟关系。从团体中两位学生的互相对视，或团体外的同进同出，辅导教师就能推测他们之间的特殊关系。辅导教师探究和理解两个学生之间的亲密关系，并不意味着批评或责备。辅导教师必须尝试改变心理辅导的本质是简单化，即所有的体验都将被简化为一些基本动机的错误观念。此外，辅导教师必须鼓励其他学生讨论他们自身对这种关系的感受，无论是羡慕、嫉妒、拒绝，还是替代性的满足感，都值得讨论。最后，辅导教师要注意的是，如果有学生要求与辅导教师进行个别会谈，并示意辅导教师不可把讨论的事情泄露给其他学生，假如辅导教师对此作出了承诺，那么就要告诉学生，自己将会根据自己的专业判断，采取相应的行动以增进辅导效果。

假如亚团体的产生不可能被禁止，那么至少也不应该得到鼓励。预防亚团体产生的最有效方式是在小组辅导开始之前或最初阶段，辅导教师就要把对此问题的立场非常明确地告诉团体内的学生，并描述亚团体所带来的副作用。辅导教师必须帮助学生理解，小组辅导中所获得的体验是一种预演，这能教会学生怎样与其他人建立持久的关系。小组辅导教会的是一种技巧而不仅仅是提供某种关系。如果学生无法把在团体中所学的知识应用于现实生活中，而只是从团体中获得社交上的满足感，那么将达不到小组辅导的目的，而且对该生而言，小组辅导会永远持续下去。

第三节　小组辅导的创建

在小组辅导成立之前，除了人的因素，辅导教师还需要考虑这个小组辅导的整体环境。辅导教师要对以下问题作一个很好的考虑：为小组辅导选择合适的地点、合适的时间、新学生的加入、辅导频率、每次会谈的持续时间，以及小组辅导的团体规模等等问题。

一、小组辅导的创建地点

大部分情况下,小组辅导的场地是一些学校提供的场地。在校园里面,通常都会有一些房间或者场地适合用于小组辅导活动。然而,根据已有的信息来看,目前在国外,小组辅导决非规规矩矩地找一间房间围成圈坐下来这么简单。我们可以看到许多打破窠臼、深富创意的做法。例如:小组辅导也可以在商店、学生家里、俱乐部、货车车厢和餐厅等地方进行。当然,这些场地的选择并非是随意的,运用这些自然的场地有两个原则:第一,尽可能和学生发生问题的场地相类似;第二,场地越是吸引人,就越有可能增加小组辅导的吸引力。

在一开始,如果场地很不正式,有时候会遇到这样的问题:很难抓住学生的吸引力。通常辅导教师可先在一个正式的场地开始小组辅导,然后偶尔换个比较有趣的地方。有时候,辅导教师还可以和学生约定,如果要继续留在某些特别的地方,就需要先做到一些事情。虽然有些小组辅导为了安全起见,没有什么可以选择的特别地方,但是只要仔细考虑,在校园内也可以找到许多较具创意的场地。

虽然理想中小组辅导的场地最好有足够的空间、活动器材、视听设备、可搬动的椅子、有运动或动手做的机会,还有其他的设备等等,但是大部分的小组辅导都是在有限的设备下进行的。国内目前做辅导比较喜欢使用具有多媒体设备的教室,一方面便于辅导教师制作幻灯片以增加辅导的效果;另一方面,音控设备也有助于辅导教师较好地把握团体气氛。虽然拥有这些设备可提高小组辅导的成功几率,但需要注意的是,在小组辅导中这些设备包括PPT等决非必备,拥有这些设备也不一定保证成功。大部分情况下,辅导教师可以充分运用手边可得(或努力争取来)的设备,例如一块白板或者几张白纸。其实一个能够固定进行会谈的场地(至少在前几次小组辅导会谈中要做到这一点),而且不受外界干扰,就足够用于小组辅导了。在使用这些物理设备时,最重要的原则是,学生不可能会在整个小时中只是光坐在桌边讨论问题和商议解决方法,因此必须要有很多的机会和适当的场地供他们活动、分组、角色扮演或偶尔玩玩游戏。

在选择小组辅导的场所时,最重要的一点是要能保证学生的隐私。只要做到这一点,小组辅导可以在任何地方进行。有些辅导教师喜欢让学生围着一张大圆桌而进行辅导。但更多的时候,辅导教师可以让学生围圈而坐,中间没有任何障碍物,这样就便于清晰地观察到每个学生的肢体语言。理想的小组辅导会谈的场所必须是一个自由、舒适、安全、没有可能的骚扰、能保护隐私和有足够的活动的空间。因此,一间宽敞、空气流通、温度适宜、隔音效果好的房间是基本的要求。国外有不少学生的团体活动习惯于在铺有地毯的地板上进行,虽然国内这样的场所不多,但可以利用座椅让大家围圈而坐。围圈尽管不难,但也有基本的讲究,圆圈要围成正圆,以便于每个人都可以看到所有其他的人。许多时候,由于座位的安排是扁圆或长方形、正方形,于是出现了不少"死角",造成了沟通的障碍。圆圈中最好不要有障碍物,因为障碍物可能会被一些学生当做遮蔽物,避免表露自己。在座椅的安排上,有靠背的椅子也是必需的,最好为每人预备一张有扶手的沙发。当然,若有沙发,再配合地毯和褥垫,会更为理想,因为学生在椅子上坐累了,就会有很多人喜欢躺卧在地上,而且有不少小组辅导中采用的习作和游戏,都会要求学生卧地进行。

如果要对小组辅导过程进行录像,或者让团体外的学生通过单向玻璃观察小组辅导的过程,那么就要事先征得团体内学生的同意。而且,还应该提供充足的时间让团体内的学生对此进行讨论。要使一个被持续观察的学生忘却摄像机或单向玻璃的存在,往往要经历数周,甚至更长的时间。如果只有两位观察员,最好安排他们坐在房间里,在团体的圈子之外。但要注意的是,观察员并不参与小组辅导,他们应该注意保持沉默。

二、小组辅导的时间和频率

每次小组辅导的时间长度到底怎样才最合适呢?直到20世纪60年代中期,这个问题才有了确定的回答。一般来说,个体辅导为50分钟,小组辅导为80~90分钟。许多辅导教师在80~90分钟的小组辅导中的运作状态最好,而更长一点的时间通常会使辅导教师力不从心,工作效率大打折扣。多数辅导教师认为,即使已经辅导过几次会谈之后的团体,其热身、提出讨论并最终解决问题至少也还需要60分钟。而当团体进行了两个小时之后,辅导教师和学生都达到了生理极限之后,此时学生往往会感到非常的疲倦、厌烦,因而不能再继续坚持辅导。

倘若时间不足或人数太多,那么再怎么能干的辅导教师都无法发挥其作用。不管学生参与的动机有多么正确或是有多么的乐意参与,他们都很难从小组辅导中获益。而事实上,为了建立团体凝聚力和学生之间的默契,团体需要一段时间的发展和热身。团体从准备阶段和开始阶段,进入工作阶段,在这一过程中,学生需要时间来建立彼此之间的信任、产生彼此帮助的互动。匆忙和不充足的时间都会限制团体的功能,甚至使整个团体都没有什么作用。

(一)预定时限的好处

在计划小组辅导时,许多团体都会规定好一定的时限。一般的成长团体、任务团体和支持团体有时可以不必在一开始就规定好会谈次数,或者可以在团体会谈一段时间之后,才交由学生自己做决定。但是,在实际的团体活动中,辅导教师一般不会采用这种弹性处理,他们在招募过程中就让学生清楚地知道会谈次数和时限。预先知道会谈次数和时间的长短有一定的好处:一方面辅导教师可以有预算;另一方面,学生也会较为珍惜他们所拥有的有限的时间。在一定程度上,时限为学生提供了一种具有建设性功能的紧张,可以积极推动他们开放自己和投入团体中。不过,需要注意的是,辅导教师要灵活机动,千万不要墨守成规。倘若在预定时间内发现一些未完全处理的情绪等现象,辅导教师要根据实际情况来调整时间,从而维持小组辅导的效果。此外,辅导教师要让学生知道,团体一定会有结束的一天,他们不能长期依赖团体,而是要努力学会独立、自主、成熟地面对生活。

(二)决定时限的因素

在安排会谈时间方面,不少新手辅导教师会忽略从学生的角度来考虑事情。这样一来,虽然辅导教师作出了理想的安排,却无法实际操作。无论在何处进行会谈,小组辅导的会谈时间需要尽量不打乱常规运作。对青少年儿童来说,会谈时间也要设法不和他们的其他活动时间相冲突。此外,学生的年龄和生活习惯也需要加以考虑。例如在学校,小组辅导的会谈不能和学生的上课时间冲突。如果安排在课后,也要考虑到其他课外活动的时间安排。事先细致安排小组辅导的时间,对小组辅导的生命历程来说是相当关键的。

团体性质和学生年龄也是影响时限的重要因素。儿童和青少年往往缺乏耐性，因此会谈次数和时间都不宜多。一般来说，如果是小学五年级的学生，那么会谈次数最好是 5~7 次，每次 90~120 分钟较为合适，否则，他们会因为忍耐力不足而不能集中精神。

(三) 会谈频率

对于会谈频率的问题，不同的辅导教师有不同的看法。从选择一星期一次到一星期五次的都有。但是，一星期进行两次会谈是较为合适的，原因是当每星期会谈一次时，小组辅导会因中间的间隔时间太长而受到影响。同时，在一星期中发生的事情有很多，在团体中也不易兼顾。而且，如果小组辅导每周少于一次，那么将团体焦点维持在互动层面上也将会是非常困难的事情。每周两次的会谈，有助于学生就上次会谈主题继续进行讨论，使整个小组辅导具有连续性。

第四节　小组辅导的基本要素

一、小组团体大小

团体的大小必须依照实施目的、人数限制以及其他实际情况来决定，如场地大小、学生参与团体的时间长短、愿意参加团体的人数等等。在团体情境中能够照顾到每个人的需要是非常重要的，因此，团体人数通常是 3~8 人。一般来说，团体人数是 6 人的时候，基本上能保证每人在每一次会谈中都有积极参与。少于 3 人的团体似乎就不能发挥团体本身存在的好处。超过 8 人则很难保证每个人在每次会谈中都有机会练习如何处理问题情境。当人数增多时，学生的满意度也会增加，但当学生总数超过 6 人之后，满意度就会下滑。

当然，可以根据实际情况，调整人数限制。小组辅导初期，可以是 12 个以上的学生组成一个团体，既可以试探学生参加团体的可能性，又不必承受人数少而可能存在的问题。偶尔设计人数较多的开放式团体(15~30人)，能让学生参与团体内的各种活动而又不会承受过多的压力。即使是这类团体，它的最终目的仍然是建立一些小团体，筛选出适合个体辅导的人。如果所有学生都有共同的问题，或是有两位辅导教师，而团体活动常常以小组的方式进行，那么团体人数在12人左右也是允许的。

某些情况下学生人数很少，那么辅导教师也只能从两位学生开始带起，等到有机会时再增加新的学生。那些比较早进入团体的学生可以负责协助新的学生适应团体。这样一来，"老"学生就可以练习新学到的能力，有机会尝试领导技巧。在新学生进入前，辅导教师必须先协助"老"学生练习接待新学生时必要的领导技巧。

团体的大小可能随着时间流逝而有细微改变。生病、搬家、中辍、转介到其他团体等原因经常会造成学生的流失。如果人数变动太大，团体凝聚力和满意度就容易下降。有时候，辅导教师可能会增加新的学生，那么这时候就需要先处理成员组成改变的问题。

二、小组辅导的次数、每次的时间长度和相隔时间

决定团体大小时，需要参考团体的会谈次数、时间长度以及两次会谈的相隔时间。在一些机构中，团体每天可能都会进行一个半小时的会谈，因此可允许规模较大的团体，让每个学生也可以任选两天来讨论自己的问题。但是大部分小组辅导都有时间限制，大概是每周一次，一次持续一个小时，共12周。采用固定的方式进行每周会谈会比随机方式来得更好，因为这样做有利于学生家庭、学生自我以及辅导教师其个人或工作时间表的安排。

在异质性团体中(呈现的问题是多样的)，通常需要14~18次才能达到辅导目标。目标复杂、情况多样的团体，也需要类似次数的会谈。而预防性团体，比如对全班做社交技巧的训练，那么8次团体会谈就已足够。如果目标明确且统一，所需的次数就可以再少一些。小组辅导即使不是属于学校内的团体，也都要配合其学习进度。一般在10月份左右，很多家长和教师会因为学生在家庭或社交情境要求或对校内外压力的反应而强迫学生接受小组辅导。这时候建立的团体可以一直持续到寒假、春假或学年结束，而在之后建立的新团体可从寒假后一直持续到学年结束。

有些团体设计的时间,和上述完全不同。比如,有些小组辅导以马拉松的方式进行,每周六一次,每次进行6~7小时,共3周,即3次。有些辅导教师则利用整个周末,每天进行10小时之久的辅导。在学校机构中,过渡团体是从一开始到结束,每天会谈1~3小时,通常进行3~6周。大部分小组辅导是封闭式的,但是也有一些团体并未制订明确的结束时间,也没有设定多久会进行一次会谈。当学生有相当的把握认为自己已达成辅导目标,并决定在日常生活中实施时,可能就是结束的时候了。当然在这类团体中,随着团体吸引力的逐渐消失,很可能会出现个别学生中途执意离开团体的情况。

三、辅导教师的人数

在任何团体中,每增加一位辅导教师,所要付出的成本就会增加。毋庸置疑的是,两位辅导教师当然比一位存在更多的优势,只要这两位辅导教师都有足够的经验并接受过良好的训练。出现如下情况时,建议用一位以上的辅导教师。

1. 第二位辅导教师正在接受训练。而现场教导是最佳的指导策略,尤其是有经验的辅导教师能够逐渐让新手辅导教师分担领导和制订计划的责任,同时提供督导。

2. 两位辅导教师都是第一次或第二次带领新类型的团体。两人一起带领可互相提供同伴督导。

3. 两位辅导教师轮流当观察者(但是直接找个观察者可能会更合适),团体内的观察者有助于澄清团体历程的一些问题。

4. 带领团体时必须清楚地示范某些技巧,而这些技巧必须分别由两位辅导教师来示范。

5. 如果学生人数超过8人(其实学生如果有10人以上,分成两个团体会更有效,也更容易照顾到每个人)。

6. 多动或具有攻击性行为的学生团体,控制局面是个很大的问题。如果必须运用暂停技巧,就必须有人陪这个学生去"安静角"。

协同领导并不是解决所有问题的"万能药",有时甚至会因为协同领导而为团体带来困扰,如互相竞争、控制主导权、经常重复对方所讲的等等。如果要增加一位辅导教师,这些问题应该在事先或在团体进行的过程中仔细审视。

四、小组辅导应当何时会谈

小组辅导在确定第一次会谈开始的时间之前,必须要考虑两个因素:会谈在一天中的哪个时间段以及隔多少时间进行一次会谈。理想情况下,会谈时间不能和学生的其他活动有冲突。如果小组辅导进行的场所是机构或学校,那么选择会谈时间时应当本着尽可能不打扰其日常工作的原则。在学校中,由于学生来自不同的班级,那么会谈时间的选择就显得尤为重要。辅导教师可以每周轮换会谈时间,以确保学生不会经常错过同一门课。此外,选择会谈时间的时候,还必须考虑学生本人的时间安排。没有经验的辅导教师常会犯的错误是在计划团体时,没有充分考虑到时间不便的阻碍性因素。

辅导教师自身的时间安排也是非常重要的,不能与自己的事情有冲突,必须按时出席。在辅导教师忙于员工会议、书面工作或"充电"等事情的时候,就不应该再安排会谈。如果小组辅导一个紧接着一个,辅导教师就可能会超负荷工作。任何情况下的任何小组辅导的辅导教师在1天内所领导的团体都不能超过1个。

除了决定会谈的最佳时间,辅导教师通常还要决定会谈频率。有些团体每天会谈,有些是每周2次、每周1次、两周1次或每月1次。会谈频率取决于团体的种类、目标和学生及辅导教师的成效。关于团体的会谈频率没有既定模式,但是辅导教师需要确保恰当的会谈间隔,既不能太频繁,也不能太稀疏,否则总体目标无法实现。

第五节　小组辅导的运作机制

一、小组辅导中的辅导关系

虽然,辅导教师除了和学生建立温暖、信任的辅导关系之外还必须做其他很多工作，但是辅导关系会创造一种较好的条件来激发其他过程。而在这个问题上，恐怕没有人比人本大师卡尔·罗杰斯更深入地思考过辅导关系了。罗杰斯提出的辅导关系运作模式中，系统地描述了辅导过程。罗杰斯认为当辅导教师和学生之间存在着理想的关系时，下面的特征性过程就会产生：

学生能越来越自在地表达自己的感受；

学生逐渐具备现实检验能力，能更多地区分周围环境、自身、他人以及自己的体验、感受和知觉；

学生能意识到体验与自我概念之间的不一致；

学生能意识到以往被自己扭曲和否定的感受；

学生的自我概念，现在能包容以前被扭曲或否认的方面，渐渐地能和自己的体验更多地统一起来；

学生能更多地在没有威胁的状态下，体验辅导教师无条件的积极关怀，以及自己无条件的积极关系；

学生能逐渐体会到自己才是主角及价值评判的核心；

学生能逐渐地不受他人对自己的评价的影响，更多地表现出他人的评价对自身发展的推进效果。

个体首要的任务是自我扩展，此任务渗透在动力学辅导的所有阶段中。所有个体生来都有成长和自我实现的倾向。辅导教师不必激发学生的这些特质，任务是去除成长过程中的障碍，方法之一就是在小组辅导内营造理想的辅导氛围。关于现实化倾向的陈述是罗杰斯观点的核心。他认为有机体生来就有一种自我扩展和发展的倾向。在个体辅导和小组辅导中，辅导教师的作用相当于催化剂，必须有助于建立起利于自我扩展的条件。

二、小组辅导中的有效性力量

对辅导教师而言，他们必须关注学生之间的言语互动之外的大量信息。而所谓的"团体动力学家"是那些能够密切观察团体中影响学生"暗流"的人。这些"暗流"包括缺乏信任与承诺、权力操纵、学生间的冲突、学生间的联盟以及寻求关注的行为,重视这些"暗流"的存在对有效领导是必不可少的。(学生在任何团体情境中都会表现出希望:1. 被团体接纳;2. 知道自己被期望的是什么;3. 感受到团体的归属感;4. 感到安全。)虽然罗杰斯认为团体是最重要的促进成长的因素,类似于个体辅导中的重要因素,但他认为在团体情境中,还存在一些其他的影响因素。例如,他强调学生彼此之间的接纳和理解比辅导教师的接纳更具有影响力和意义。毕竟,其他学生并没有关心、理解他人的义务,他们不收任何费用,这也不是他们的工作。

被他人接纳和自我接纳是密切相关的。不仅自我接纳基于被他人接纳的基础上,而且被他人接纳也可能在一个人能接纳自己之后才发生。小组辅导的成员可能既自我轻视,又深深地轻视他人。这种感受可以表现在学生一开始拒绝加入"一群疯子"中,或表现在学生因害怕卷入不幸的巨大漩涡中而不愿与一群有痛苦的人发生密切联系。所有寻求心理学专业知识帮助的学生,通常有两个重要的困难:1. 建立并维持有意义的人际关系;2. 维持个人的价值感(自尊)。他们很难将这两个相关的领域分开来谈,就像人只有爱自己以后,才能爱别人。

在学生成长过程中,对他人对待自己态度的看法会决定他如何看待与评价自己。学生根据某些特定生活经验的一致程度,内化某些人际关系,再依内化的人际关系来进行自我价值的衡量。但除了自我价值的内在影响外,学生仍会或多或少地在意他人的影响和想法——尤其是其所属团体的评价。总之,团体对学生越重要,学生就越会遵守团体的价值观,就越倾向于同意团体的评判。

但是,当团体评价比学生的自我评价低时,就会产生一种评价上的差距。解决这些差距的一种方法是错误地认识、否认或扭曲团体的评价。在小组辅导中,这样的发展会产生恶性循环:团体首先会因为学生不参与团体任务(包括对自身及与他人关系的积极探索)而给予较差的评价;而防御及沟通问题的增加,只会更进一步降低团体对该学生的尊重;在这样的情况下,团体与该学生的沟通最终将会瓦解,除非学生用近乎精神病的防御去歪曲现实。另一种更为常见的用来处理差距的方法是贬低团体的价值——比如学生会强调团体是人为的,或是由不正常的人所组成的,然后将此团体和一些团体对学生的不同评价相比较。此种学生往往会中途放弃辅导。

常常发生在小组辅导中的不一致是:团体对学生的评估高于学生的自我评估。当学生处于这种不协调的状态下时,也会努力解决这种差异。那么处于这一情况中的学生会怎么办?这位学生可能会通过暴露自己的缺点,来降低众人对自己的尊重程度。但在小组辅导中,这种行为会有相反的效果,使其更受众人的尊重——暴露自己的不足正是团体所珍视的规范,反而会增进其被团体接受的程度。

关于辅导的有效性因素,最著名的是耶洛姆提出的11种辅导性因素,他认为任何一个成功的团体都包含了这些因素:

- 逐渐植入希望(对自己的生活感到有希望)
- 普遍性(意识到别人也存在同样的问题)
- 告知信息(获取关于健康生活的信息)
- 利他主义(为其他学生作贡献)
- 初级家庭团体的正确重述(有机会体验类似于早期童年经历的动力)
- 发展社会化技巧(学习社会技巧)
- 亲密行为(从其他学生那里学会塑造积极行为)
- 人际交往学习(学会与他人交往)
- 团体凝聚力(学生彼此之间紧密地联结在一起)
- 抒发强烈的情感(表达以前从未表达过的感受)
- 与生存有关的因素(为自己的生活承担责任)

当这些力量缺失时,学生就容易变得消极、怀有敌意、退缩或冷漠,而消极的力量会导致产生一些需要辅导教师关注的动力学问题。

辅导教师可以通过考虑以下问题,清楚团体中的动力学问题和有效性力量:

- 每一个学生在团体中的感受是怎么样的?

- 学生看起来知道什么是被期待的吗?
- 每一个学生是不是都清楚自己为什么要参加团体?
- 每一个学生是如何应对处于团体中的这一状况?
- 学生之间看起来是相互吸引的吗?
- 学生看起来与其他人相处得好吗?
- 学生对团体有归属感吗?
- 学生与辅导教师相处得好吗?
- 是否有学生企图扮演辅导教师的角色?

其中宣泄、自我了解以及人际获取是最具有效性的因素,其次是凝聚力和普遍性。而家庭互动重现、指导及认同作用是最不受重视的有效性因素。这些结果暗示,在小组辅导内,团体辅导过程的核心在于感情宣泄和内省性的人际互动。

(一) 宣泄

"宣泄"一词来源于希腊语词根"清除"。尽管对运用宣泄的原理众说纷纭,但宣泄在辅导过程中总是占有重要地位。自从布鲁尔和弗洛伊德在 1895 年发表治疗歇斯底里症的论文以来,许多学派便试图帮助当事人释放他们压抑的情感。但是,弗洛伊德和之后的所有动力学派的辅导教师,都了解到宣泄并不能解释全部的原因。

现实生活中,我们都有情绪体验,甚至有时这些体验异常强烈,但我们的生活并未因此而改变。宣泄是人际互动的一部分,光把自己关在房子里发泄情绪无法使人得到持久的好处。宣泄实际上是和凝聚力有关的,一旦团体形成了支持性的联盟,宣泄就会变得更有用。Freedmam 和 Hurley 指出,宣泄发生在团体后期,比在团体早期发生更有价值。也就是说,强烈的情绪表达能提升凝聚力:学生若对另一个学生表达强烈情绪,同时又诚恳地审视这些情绪,那么就将有助于双方更亲近。

情绪表达的强度是极具对称性的,辅导教师应根据每个学生的主观世界来判断。对一个非常拘谨的人而言,不动声色地表示"说不定"已足以说明事态的严峻。总而言之,开放的情绪表达无疑对小组辅导的过程非常重要。缺少了它,小组辅导会沦落成无聊的理论课。但它毕竟只是小组辅导的一部分,必须与其他因素互相补充。

(二) 自我了解

若小组辅导的最终目的并不是自我了解，而是改变，那么能导致改变的解释就是合适的。改变是小组辅导中所有努力的共同结果。辅导教师的每一个澄清、解释或诠释都是为了加强学生改变的意愿。

马斯洛在解释知识的变异性时，超越了安全感，降低了焦虑和主宰欲望，他将精神病视为知识不足的疾病："我相信知识与行动在苏格拉底的观点中是同义词，一旦我们对此彻底认识了，适当的行为就会反射式地自动出现。此时抉择不再有冲突，而是出于全然的自发。"因此，马斯洛同意道德哲学的观点，即只要我们知善，我们亦必将行善。若我们知道如何对我们有利，最终我们一定会如何去做。

在小组辅导中，辅导教师要反复告诉学生：他们混乱的内心世界、他们的痛苦以及曲折的人际关系都是可理解的，也是可以加以控制的。同样，辅导教师在面对大量混乱的材料时，若能掌握一些原则进行有条理的解释，那么焦虑就会降低。比如说，对表达出强烈而原始感情的人进行工作的心理分析师之所以能镇定自若，乃因相信病人已退行到早年的体验世界和表达形态中。

因此，通过自我了解促使改变的途径之一，是鼓励个人确认、整合及自在地呈现过去与自己分离的部分。当分崩离析的自我"完璧归赵"时，才会自觉到完整，并且是深深的解脱。而当否认或强抑自我的某部分时，就得付出很高的代价：被深深地、无形地束缚，自我戒备，常因内在冲突而莫名恐慌。

总之，自我了解能使我们整合自己的各部分，带来效能感和主宰感，同时采取符合自己最佳利益的行动。解释模式的改变也能有助于学生把在小组辅导中学到的东西扩大，并泛化应用到外在世界的新情境中。

(三) 模仿行为

有些学生可能会认为模仿行为是最没有帮助的因素之一。但是这一看法是在没有区分以下两者的情况下得出的：单纯的模仿和学习到的普遍行为模式。刻意的模仿是不受欢迎的，因为那暗示着要放弃自己的个性——而这正是许多小组辅导的学生所害怕的，也正因为如此，他们认为模仿不会带来任何帮助。

那么旁观辅导是否有作用呢？可不可能借着别人解决类似问题，而使其他学生受益？小组辅导能提供这样的学习。有经验的辅导教师似乎都遇到过这样的情况：有些学生会连续几个月有规律地参加团体，但表现得很不积极，一旦离开团体，却有很多进步，而且很感激从团体中得到的收获。事实上，改变最大的学生的确能从旁观事件中获益良多，因为他们得到了一些认知上的收获（自我了解、对人际互动本质与法则的了解等等）。

参加小组辅导的学生可以从别人身上学到普遍性的策略，同时又能应用到自己的不同情境中。在碰到问题时，学生开始会不自觉地想到其他学生或辅导教师所具有的包容性和灵活性，他们也就习得了这些特质；如果辅导教师愿意自我坦露并接纳自己的局限，并且又不会因而感到不安全，那么学生也能比较容易地接纳自己的缺陷。

最初，出现模仿行为的部分原因是为了得到赞许，但却不仅只是如此。表现较佳的学生可以觉察到自己的行为改变能使别人接受自己。这种接纳感促进了自我概念和自尊，形成了良性循环。

一个人可以同时认同不同个体的不同方面而形成组合，而这些模仿的不同方面却组成了创造性的综合体——一个高度革新后的自我。小组团体内的学生不仅可以通过观察具有相似问题的人在团体中的成就而有所收获，同时也可以学习他们为之而努力的方式。从这层意义上讲，"模仿"这一过渡性的有效因素，可以帮助学生更充分地投入到小组辅导的其他方面。

Chapter 2

小组辅导的基本技术

本章主要介绍小组辅导的基本技术,包括了心理诊断技术和心理辅导技术。其中心理诊断技术特别强调了多维度综合评价的特点,而心理辅导技术部分则分别简述了关系建立、参与性及影响性三大类共二十项常用的辅导会谈技能。这些技术常常在个体心理辅导学习的时候着重强调。由于小组辅导的效果直接受到辅导教师对这些基本辅导技术应用熟练程度的影响,为此,我们还是在这里概要地介绍了这部分知识,以期提醒辅导教师熟练掌握该部分技能的重要性。

小组辅导的基本技术包括了心理诊断技术与心理辅导技术。这些技术的掌握不是本书的重点，但任何一个项目的小组辅导，如果离开了这些基本技术的掌握和应用，都很难获得好的成效。为此，在这里，我们还是对上述技术的一些重要知识点，特别是辅导技术的主要概念进行了描述和总结，以帮助心理辅导教师全面、系统地掌握小组辅导的必备知识和技能。

第一节　基本心理诊断技术

对于从事心理辅导的教师来说，最难过的一关或许是"心理诊断关"。不管是开展个体辅导、心理活动课还是开展小组辅导，评估参加的学生是否心理正常，是否符合自己适合辅导的范畴，这是心理辅导首先需要明确的，也是最重要的。

一、心理诊断的概念

心理辅导教师有时被称为"心理医生"，从这个意义上说，心理辅导教师需要学会医生的诊"病"能力。从医学的角度来看，心理诊断指的是医务人员在诊疗活动中，经过对病人的心理与行为表现进行检查，作出判断的过程。心理诊断对于确诊心理是否异常具有重要价值。换言之，一个学生出现了问题，到底是成长中的烦恼，抑或是一个心理问题，还是心理疾病，这是首先需要弄清楚的。当然，对于心理辅导教师而言，不需要像医生那样精准地进行诊断定位，但对辅导对象的心理与行为问题作出定性判断则是必需的，这也是心理辅导一个重要组成内容。

我们面对的心理诊断对象从性质上可以分为两类，即平常所谓正常和异常之说。前者有心理问题，或轻或重，但属于正常范畴。后者属于有心理障碍的，但我们面对的主要是一些具有非精神病障碍的对象，也就是医学专业所谓的神经症患者。需要注意的是，尽管从理论上讲，正常和异常似乎可以截然分开，但实际上两者面对对象是有重叠的，这也是心理辅导教师进行心理诊断的难点之一。

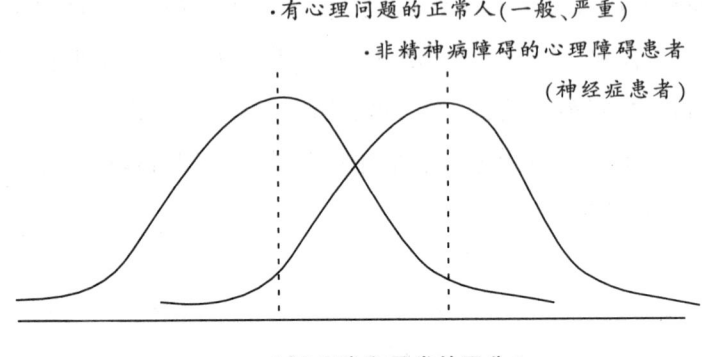

心理正常和异常的区分

一个人心理不健康,但可以是正常的(不是疾病的状态)。例如,网络依赖,我们可以说这个学生心理不健康,但不能说他(她)心理不正常。衡量一个学生是否心理健康,有很多个评价标准,下面罗列了七条:

1. 出现有临床意义的症状,可分为心理和生理症状;

2. 心理反应的强度和持续时间往往过强或过长;

3. 与个人的实际情况不相称;

4. 与现实的实际情况不相称;

5. 不能完全自控,感到痛苦或企求帮助;

6. 影响日常生活和社会功能;

7. 限制了个体心理的成熟与发展。

这里特别需要提醒的是,请不要用单一的标准来衡量一个学生是否心理健康。比如,一个学生不肯去学校,我们不能说他(她)有病了。原因就在于,不去学校符合上述的第六条,但不能仅仅凭借这么一条就给这个学生贴上"诊断标签"。从这个角度讲,心理健康的评估是一个多维的概念,要作出什么样的诊断,取决于我们从几个角度进行了考虑。我们衡量角度越单一,就越容易出错。

心理辅导教师掌握心理健康的评价标准其意义是不言而喻的。首先,这些评价标准便于我们对心理问题进行定性归类,利于深入进行分析。其次,便于我们探索有关的影响因素,如生物因素、心理因素、社会因素。再次,有利于我们对不同的心理问题制订相应的辅导策略。最后,在进行辅导的过程中,有利于我们进行评估,考察实际的辅导效果。

对一个学生作出心理诊断,一定要有科学依据,至少我们可以从四个方面进行考虑:

1. 方法是否可靠,操作是否合乎逻辑,通俗地讲,是否按照规范来操作?
2. 评估报告与当事人的真实情况是否一致,各项心理测评结果之间是否吻合?
3. 测评方法是否合乎心理学原理,有无心理学理论依据?
4. 应接受实践的检验。从某种意义上看,最终辅导的效果可以作为我们诊断正确与否的一个衡量指标。如果辅导效果是好的,诊断当然就是正确的。

二、心理诊断的基本技巧

(一)会谈与沟通技巧

要进行心理诊断,首先需要建立好的关系,能够进行沟通,这样才能进行个人信息的收集。这部分技巧,可以说与基本心理辅导技术是一致的,我们将在后面章节里进行详细描述。

(二)分析归纳技巧

心理诊断一个重要的任务就是分析、区别正常与异常的心理活动。在不少心理咨询师的培训教材中,三个原则常被提及。

1. 一致性原则:心理活动与外界环境协调一致。
2. 统一性原则:心理活动过程内部保持一致。
3. 稳定性原则:一定时期内心理特征保持相对稳定。

这三个原则可以这样简单地理解:第一,一个人的内外要一致。经历了开心的事情就要有开心的表现,这就叫内外一致。除了事件这一维度外,还有两个衡量维度:时间与强度。比如,与同学吵架,心里不痛快,这是正常的。但持续了一个月,或者说一个小小的吵架让这位同学觉得做人没意思,那么,这就需要考虑是内外不一致了。注意,这里我们又强调了心理健康的多维评估原则。第二,一个人心理活动的三个基本成分要一致,即认知、情感和行为要一致。再如:与同学吵架后,自己告诉自己不要在意(思想上希望放下),但情绪仍然很激动,久久不能平静,一会儿想学习一会儿又不想学习,这就说明统一性出了问题。当然,同样要考虑时间和强度两个标准。第三,就是发展标准,一段时间内有问题,如果从发展的角度来看,可能就不能视为问题。许多青少年的问题都被称为"成长的烦恼",这就是从发展的角度来说的。记得一位美国的著名青少年精神病学家称儿童青少年成长期为"正常的精神病阶段",其含义也正在于此!

(三)问题寻找技巧

了解了心理正常不正常、健康不健康之后,我们接下来需要知道这些问题是什么原因引起的,这也是心理辅导教师需要掌握的,即善于寻找引发的心理问题及其可能的原因。

从大类上分,大致的原因可以分为三类:

1. 生理原因。包括正常生理变化,如:生长发育、月经周期、衰老,也包括脑和躯体疾病,如外伤、感染、中毒、代谢障碍。这点对于我们来说非常重要,对于真正的精神科医生来说也是一个难点。有时,我们很难说一个问题究竟是不是生理原因引起的,例如心情不好完全可能是某种疾病引起的,而不可单一地考虑抑郁症。所以,在进行心理诊断的过程中,注意鉴别是否由于生理原因导致的这一点非常重要。一个原则还是强调多维视角的分析。

2. 心理原因。"世上本无事,庸人自扰之",讲的就是心理问题产生的一个根源,即心理原因。心理原因常常和我们的生活事件结合在一起,所以,判断心理原因时分析可能的生活事件十分重要。例如,一个同学竞选班长失败了,这可能就是一个刺激,可能会导致其心理的变化。有时也包括未发生的事情,例如考试焦虑就属于未发生的事情给我们带来的心理影响。当然,如果一些小的事情不断积累,或者反复刺激,也会导致心理问题的产生。有时,我们很奇怪地想:这个同学最近又没有遇到大的刺激,为什么会出现这么强烈的反应?理解这个问题,可能就需要考虑多个事件反复长期的刺激了。

3. 社会原因。这类原因大多指的是重大的社会事件,例如战争、政变、恐怖事件、疾病流行等,都会对人心理造成巨大影响。

总之,善于发现问题的原因,有助于心理辅导教师有的放矢地寻找解决办法。

(四) 推理判断技巧

所谓推理判断技巧，指的是心理辅导教师能够通过推理来判定心理问题的性质类别。

心理辅导教师至少需要掌握的是，能够区分学生的心理问题是一般心理问题、严重心理问题、神经症性心理问题(心理障碍)还是精神病障碍。属于一般心理问题或严重心理问题的，尚属于我们处理的范畴；如果是心理障碍或者精神病障碍，那么就要请精神科医生来负责诊治了。

我国著名的精神病学家许又新教授依据精神痛苦程度、时间和社会功能是否受损害三个维度提出了一个简易的心理诊断方法，这个方法目前在心理咨询师培训中被普遍采用，非常适合心理辅导教师使用。

根据这一标准，要下一个诊断，首先需要衡量当事人的精神痛苦程度，衡量标准分为三类：能主动摆脱、需要帮助才能摆脱、无法摆脱。从评分角度，分别评1、2、3分。举例而言，一位男同学和其他同学相处得不好，我们估计他可能存在人际交往问题。此时，我们首先需要了解该同学对于自己存在的问题是否存在心理困扰（也叫精神痛苦，此时也可以采用前面提到过的统一性原则）。如果该同学的确存在心理困扰，但这个困扰对他的影响不大，他能够自己调整好自己，那么我们称之为：能够主动摆脱。如果该同学在老师和同学的帮助下是能够摆脱的，那么评2分（即需要帮助才能摆脱）。

其次，需要判断问题存在的时间(医学上叫做病程)。按照3个月以内、3个月到1年、1年以上分别评1、2、3分。仍旧拿上面的例子，如果该同学的问题已经存在1年以上了，就评3分。

最后是看社会功能。社会功能有三个层次，最基本的功能是生活自理能力，生活起居、衣食住行方面的能力都是生活自理能力。第二层次是人际适应能力，不同年龄的人应当能够有相应年龄段的人际交往能力。第三层次则是工作和学习能力，对于学生来说，胜任学习是衡量社会功能的一个重要标准。但这里需要注意的是，不胜任学习只代表问题比较严重，但不能作为定性的判断。所谓定性的含义就是说，不能说不上学了就一定患病，能上学的就没有患病。我们只能说不上学了说明他的问题很严重了，但这个问题不一定是心理障碍。按照许又新的标准，社会功能轻微妨碍的评 1 分，部分妨碍的评 2 分，严重妨碍的评 3 分。

总的来说，根据上述三个标准，三项分数加在一起评分小于 3 分的，我们称之为一般心理问题；在 3 分到 6 分之间的是严重心理问题；大于 6 分的，则要考虑可能存在神经症。

在实践中，如果仅仅根据上述三个标准，有时还是很难作出判断，此时需要考虑更多的评价维度。例如，从诱因上看，一般心理问题常常都有明显的生活应激事件诱发，而心理困扰的内容也大多和这些应激事件相关，反应的强度也是处于正常范围内的。此外，从排除标准考虑，诊断为一般心理问题的，一般周围关系还是保持良好的，通常没有严重的行为障碍，也没有严重的不良后果。如果作为严重心理问题，则可能存在症状的泛化。症状泛化的含义是指：当事人表现出许多一般认为和应激事件本身关系不大的表现，例如，一位学生与同学吵架，出现了胸闷、心慌等症状，要到医院去就诊，这就叫做症状泛化。

如果一个学生的问题已经超出了严重心理问题的范畴，则要考虑神经症性障碍（心理障碍）以及精神病性障碍，这部分内容更为复杂，通常专业人员需要根据症状标准、时间标准、社会功能影响标准及排除标准四个维度来进行综合判断分析。在这里，由于离本书的主题较远，不再详细叙述。

总之，心理诊断是一个涵盖内容很多的话题，尽管与小组辅导本身关系不大，但任何入组的同学都应当经过严格的心理诊断，特别是那些带有治疗任务的小组辅导项目，如抑郁焦虑的预防。这样才能确保不会将不适合小组辅导的对象纳入辅导活动中，从而增加了活动失败或者效率不高的风险。下面，我们又总结了几条需要在我们心理诊断时注意的要点，供心理辅导教师参考：

1. 评估方法的可靠性与操作的合理性；
2. 若干测验结果之间的逻辑关系；
3. 应用非标准化方法评估中要注意尽量避免辅导教师自身的主观武断；
4. 怀疑存在心理异常，须建议向精神科医师咨询；
5. 注意不同群体特征的人对心理因素的感受有差异，切忌一概而论；

6. 躯体健康水平常常影响心理健康，要注意多种因素交互影响；

7. 无法实证的资料不宜作为诊断依据，同时咨询中切忌随意或过早地下结论；

8. 对于有可能超出辅导范围或难以判断的案例，应作为疑难案例申请进行会诊，尤其要请精神科医师会诊。

三、正确使用心理测验

（一）正确使用的含义

心理诊断常常会涉及心理测验工具的使用，一方面可以帮助辅导教师明确当事人问题进行诊断，另一方面，进行心理测验也可以作为小组辅导效果评估依据。在这里，我们着重介绍如何在心理辅导中正确使用心理测验。

所谓正确使用心理测验，其含义包含了三点：

1. 要依据辅导学生的心理问题选择恰当的心理测验项目。例如：我们试图开展人际关系训练，然而我们选择的是测量抑郁水平的工具，就不是非常恰当。尽管人际关系不好可能会导致学生出现抑郁倾向，但选择测量抑郁的工具未必能够呈现出学生的人际关系问题究竟是什么，以及我们辅导后学生到底有什么改变。

2. 向辅导学生说明选用量表对于辅导的意义并征得他们的同意。准确的评估对于辅导教师和辅导学生都是十分重要的。有时，不少辅导教师会认为心理测验只是我们的评估依据，所以没必要让学生了解得那么清楚，或者担心学生知道得太多会有不好的影响，这种认识其实是一种误区。首先，学生在不知道测验目的的情况下进行测试，完全可能影响到测验结果的真实性；其次，测验本身就是帮助辅导学生认识自我的工具。为此，只要我们向学生科学地解释测验的作用，相信大多学生是能够认同和配合的。

3. 心理测验结果与临床资料（观察和会谈）不一致时，应进一步核查、重新评估。心理测验作为一种辅助工具，有时可以帮助我们提高心理诊断的效率，但不能简单地根据心理测验结果对辅导学生作出判断，更不能把测验结果作为唯一的判断工具，特别是当测验结果与我们的会谈判断不一致时，要重新进行评估。

(二)心理测验的选用

针对心理辅导对象选择的测验工具是有讲究的。通常,我们需要根据辅导的对象,以及他们的主要心理问题来选择恰当的心理测验项目。在选择的过程中,要注意以下几点:

1. 选择测评工具应有明确指向。如果我们要了解学生焦虑、抑郁的程度,那么就应当选择相应的症状量表。目前心理辅导中常用的症状自评量表、抑郁自评量表、焦虑自评量表就属于这类症状量表。如果要了解学生的幸福水平或生活质量,则可以选择一些评估幸福或生活质量的工具。

2. 确定为非情景性问题,可选用人格测验等。如果我们要了解辅导学生的心理特点,那么这个时候可以选择一些测量特质的工具,例如:艾森克人格量表或者卡特尔16项人格评估量表。

3. 寻找或评估病因因素——应激、生活事件。如果我们要了解导致辅导学生心理问题的原因,那么我们可以选择一些学生生活事件量表或者了解学生应对方式的量表。

4. 为排除精神障碍而选择的测验。如果我们的目的是为了了解辅导学生是否存在精神障碍,那么可以选择一些精神障碍的筛查工具。

(三)应用测验的注意事项

关于心理测验的详细使用可以参照有关的图书,但总体来说,在心理辅导中应用心理测验工具应当充分考虑以下事项:

1. 乱用心理测验。测验都有明确的指向性,不能在不了解测验工具的情况下随便使用测试工具,甚至根据测验结果胡乱解释;

2. 目的不明确、依据不充分。不能在不了解测验目的的情况下,为了有一个说法而盲目地测验;

3. 临床信息不充分,单纯依靠心理测验。不能用测验替代基本的会谈或者其他资料的收集,不能简单地根据测验作出判断;

4. 超越测验工具的适用范围(常模、信度、效度);

5. 不是出于诊断需要;

6. 未按操作要求实施心理测验；

7. 使用盗版或未经修订的测评工具；

8. 使用"地毯式轰炸"的方式实施心理测验；

9. 多种测验同时使用,试图替代临床资料的收集；

10. 为实现经济效益而滥用心理测验。

另外,在辅导中使用测验作为效果评估工具,至少应当有辅导前测量和辅导后测量进行比较,否则无法根据测验结果来说明辅导效果。

第二节 基本心理辅导技术

尽管小组辅导涉及许多团体活动特有的技术,但个体心理辅导中的许多基本技术对于小组辅导来说,同样是重要的。这些技术在不同版本的团体辅导教材中称呼略有差别,例如:共情,有的则称为"同理心",但其主要含义是相同的。归纳起来,基本技术主要包括了关系建立、参与性及影响性三大类二十一项技术。其中,关系建立技术包括尊重、温暖、真诚、共情四项;参与性技术包括关注与倾听、询问、反映、重复、澄清、具体化、即刻性七项技术;影响性技术包括面质、自我表露、解释、提供信息、建议、非言语行为观察、突破阻抗、移情和反移情、结束咨询技术九项。

应当讲,这些技术从文字上阅读并不难理解,但真正在实践中用好却绝非易事。例如,不少初学心理辅导的教师常会将"共情"理解为"理解对方",具体落实到在给学生进行辅导时,往往是简单听完学生述说后,便说"某某同学,你说的我能够理解,但是……",错误地把讲"你说的我能够理解"作为共情的技术。从这个角度看,在实践小组辅导时,不管如何强调辅导基本技术的应用都不为过。毕竟在心理健康教育教师开展小组辅导时,这些技术的掌握和熟悉程度将直接影响到团体辅导的效果。为了使大家在应用时能够重视这些基本技术,在这里我们对辅导基本技术进行了简单描述。

一、关系建立技术

本节主要介绍了建立良好辅导关系的几项基本辅导技术。就辅导目标而言,这些技术并不单独地发挥作用,它们往往在辅导进行的过程中,与其他因素相关作用、相互影响。在某种程度上,这些因素还受到辅导对象诸多因素的影响。当然,不管如何分析这些技术,目前一致的观点是,这些技术不仅有利于有效的辅导过程和辅导效果,还受到当今所有心理咨询或治疗流派和实践的重视。

(一)尊重技术

1. 尊重的含义

尊重是观察自己和他人的一种特殊方式,是指辅导教师在心理辅导过程中对学生所处现状的尊重。

"无条件地尊重当事人"是美国人本主义心理学派代表人物罗杰斯的重要理念之一。无条件地尊重是指放下所有内外条件,以平等的身份,以平静、温和、开放、宽容的心态,尽可能站在对方的角度与其交往和沟通,而不是用自己的价值观和各种标准来判断他人。

对学生的尊重是对辅导教师的最起码要求。尊重学生,其意义在于可以给学生创造一个安全、温暖的氛围,这样的氛围使学生可以最大限度地表达自己。尊重学生,可使学生感到自己受尊重、被接纳,获得一种自我价值感。

2. 尊重技术的运用

心理辅导中尊重技术的运用主要表现在:

(1)对学生以礼相待;

(2)乐意为学生服务;

(3)保持辅导双方人格平等;

(4)真正体现出为学生着想;

(5)完整地接纳学生,包括学生的所有优点和缺点;

(6)给予合理的温暖;

(7)假定学生具有良好的意愿;

(8)保护好学生的个人隐私;

(9)将学生的目标锁定在注意力的焦点上;

(10)帮助学生克服痛苦。

(二)温暖技术

1.温暖的含义

温暖是辅导教师真情实感的流露。Goldstein 和 Higginbotham 认为,心理咨询和心理治疗中如果没有温暖的表示,则采取的特殊策略和措施就有可能"在技术上是正确的,但在治疗上却是无力的"。

温暖分为非言语性温暖和言语性温暖两种。

支持性的非言语性温暖是传达情感的主要途径,如言语声调、目光接触、面部表情、体态姿势以及触摸。约翰逊描述了几种表达温暖与冷漠的非言语线索,见表3-1。

表 3-1 表达温暖与冷漠的非言语线索

非言语线索	温暖	冷淡
语调	柔和	生硬、冷酷无情
面部表情	微笑、有兴趣	面无表情、皱眉、无兴趣
姿势	前倾、放松	向后靠、紧张
目光接触	看着对方的眼睛	避免看对方的眼睛
触摸	轻触对方	避免接触对方
手势	开放、欢迎	封闭、自我保护、拒绝他人
空间距离	近	远

非言语表达温暖的一个重要方式是触摸。许多学生在情绪激动时喜欢接受老师善意的肯定。但值得注意的是,给予肯定的方式有时也有可能给学生造成困惑,因为学生对触摸的感受与辅导教师所要表达的意思可能不同。因此,在决定运用触摸前,要考虑到学生过去被触摸的经历、你与学生之间的信任程度以及学生是否会觉得触摸有性的含义。

2.温暖技术的运用

首先,从学生进门参加活动到整个活动结束后离去都应热情、周到,让学生感到自己受到了友好的接待。辅导教师的热情、友好往往能有效地消除或减弱学生的不安心理,使其感到自己被接纳、受欢迎。

其次,大家坐下后,辅导教师应当用几分钟的时间询问一些学生的情况,但对于那些急于想倾诉的学生,双方的谈话也可直接进入正题,以免使学生感到紧张。

第三,在给学生进行心理辅导时,辅导教师应运用倾听技巧,并重视语言表达和非语言表达。

第四,辅导活动结束时,要礼貌地送别学生,告知有关注意事项,还要以适当的方式赞扬学生的密切配合。这会使学生感到一种温暖,并对辅导教师增加信任感,从而有利于取得良好的辅导效果。

(三)真诚技术

1. 真诚的含义

真诚是指在辅导过程中,辅导教师以真正的我出现,没有防御式的伪装,不把自己藏在专业角色的后面,不戴假面具,不是在扮演角色,或像完成例行公事一般,而是表里一致、真实可信地以真正的自我投身于与学生的关系中。

辅导教师的真诚可信和尊重,一方面可以为学生提供一个安全、自由的氛围,能让学生知道自己可以坦白表露自己的软弱、失败、过错、隐私等而无需顾忌,这是因为学生切实地感到被接纳、被信任、被爱护;另一方面,辅导教师本身的真诚坦白可以为学生提供一个良好的榜样,学生可以因此而受到鼓励,以真实的自我与同学和辅导教师交往,坦然地表露自己的喜怒哀乐,得到情感的宣泄,也可能因而发现与认识真正的自我,并在辅导教师的帮助下,面对自己存在的问题并改进自己。

2. 真诚技术的运用

真诚意味着能干某些事而不干另一些事,真诚技术的运用体现在:

(1)自然放松

贾卜(Gibb)认为,辅导教师应该学会做到:①.直接向他人表达自己目前的感受;②.不加歪曲地传达自己的情况;③.倾听他人的谈话而不歪曲所获得的信息;④.在传达他们情况的过程中披露自己的真实动机;⑤.交流时应显得自然大方,无拘无束,而不是去耍弄惯常的或设计好的伎俩;⑥.对他人的要求和陈述当即作出反应,而不是等待适当的时机或给自己足够的时间去寻找正确的答案;⑦.暴露自己的弱点,一般而言,要敢于暴露自己的内心世界;⑧着眼于此时此地,并就眼前的事情进行交流;⑨在与学生关系中努力创造相互信任的氛围,而不是单方面的信赖;⑩学会心理上的亲近。

(2)对学生负责

辅导教师的真诚并不意味着可以口无遮拦,什么都可以说出来,而是所说的每句话应该是真实的。那些有害于学生或有损于师生关系的话,应避免说出。

(3)避免戒备心理

真诚的辅导教师不带任何戒备心理。他们知道自己的优势和弱点,并且努力追求在心理上更为成熟。

(4)真诚不等于自我发泄

真诚的辅导教师即使处在师生关系中也能深层地袒露自己。虽然他们并不将自我暴露本身当做最终目的,但在表露自己时能做到很坦然,并且只要有助于学生,他们可以更深入地袒露自己。

(四)共情技术

1. 共情的含义

共情作为一种人类的沟通方式,涉及对学生的倾听,充分地理解学生和他们所牵挂的事情,并将此种理解反馈给学生,使学生更充分地理解自己,根据这种理解来行事。

共情通常包括了三个方面的含义:一是辅导教师借助于学生的诉说内容和言谈举止,深入对方内心去理解其情感、思维;二是辅导教师借助于自己已有的知识和经验,把握学生的体验以及学生的生活经历与人格间的联系,以求更好地理解问题的实质;三是辅导教师运用咨询技巧,把自己的关切与理解传达给对方,以影响对方并取得反馈。

2. 共情的意义与作用

通过共情,辅导教师能设身处地去理解学生,使学生感到被接纳、被理解,从而产生愉快、满足的感觉,这有助于建立良好的师生关系。具体地说,共情有助于实现下列功能：

(1)有助于师生双方建立良好的关系；

(2)促进学生的自我探索、自我行动；

(3)给学生提供心理支持；

(4)促进师生双方交流；

(5)核查辅导教师自己的理解；

(6)将注意力集中于核心问题；

(7)为辅导进程铺平道路。

3. 共情性理解和应答的要素

通过共情，辅导教师搜寻到学生的核心信息之后，就会将自己对学生的经验、行为和情感的理解转化为自己的应答，这种应答反映出辅导教师与学生双方能够共享自己的理解。

(1)核心信息

辅导教师在倾听学生的述说时，要善于搜寻学生的核心信息。辅导教师可以问问自己：什么是核心信息？什么是从情感和潜藏在情感背后的经验和行为的角度给出的信息？在学生讲的这些话中，什么是最重要的？一旦辅导教师感到自己已经确定了核心信息，最好向学生核对一下自己判断的准确性。公式就是"你感到……是因为……"。

(2)准确的情感体验

当辅导教师说到"你感到……"时，后面紧跟着的应该是准确的情感分类。

(3)经验和行为

公式中的"是因为……"后面紧跟着的是潜藏在学生情感背后的经验和行为的表述。"你感到懊恼，是因为妈妈偷看了你的日记。"这句话具体体现了引起学生情感的经验和行为(被偷看)。

(4)倾听学生行为产生的背景，而不仅仅是行为本身

由于辅导教师倾听的对象是处在某个生活背景中的学生，因此在对学生的问题作出共情性应答时，辅导教师不能仅仅限于倾听学生的叙述，而是要考虑学生言

谈的整个背景,以及关注学生陈述的每一个因素和渗入学生陈述的每一个因素。

(5)选择性应答

有些案例中,辅导教师的应答既针对情感,也针对在情感背后的经验和行为。但为了强调情感、经验或行为,辅导教师也可以有选择性地进行应答。有一点需要说明,有效的辅导教师在使用共情技术时不能死守着僵硬的公式,而应该有灵活性。

(6)共情准确,不偏离轨道

如果辅导教师作出的应答是准确的,学生往往会以下面两种方式来确认:其一,学生给出某种类型的言语或非言语表示,说明辅导教师讲的话是正确的;其二,学生通过学习在咨询与辅导过程中向前推进来承认辅导教师应答的准确性,例如,学生会更充分地澄清问题的各个层面。这是一种更具有实质性的方式。

4. 共情技术的运用

(1)共情技术的要点

作为在辅导教师与学生之间顺利实现沟通的共情技术,在运用时应该把握以下要点:

①做到细心地关注,既要关注学生的身体状况,也要关注学生的心理状况,并且注意倾听学生的观点;

②尽可能将自己的评判和偏向放在一边,设身处地贴着学生走;

③在学生说话时,特别注意倾听核心信息;

④对学生言语和非言语信息及其背景进行倾听;

⑤比较频繁地应答,但要简明,要针对学生的核心信息;

⑥用留有余地的和试探性的口气说话,使学生不至于产生受强迫感;

⑦运用共情使学生注意力集中于重要问题;

⑧循序渐进地移向敏感话题和进行情感方面的探索;

⑨关注学生对共情的反应,包括对共情的准确性与否予以确认或否定;

⑩注意学生出现紧张或抵触的迹象,并判明这些迹象与否源自于辅导教师自己评判的不准确或过于准确。

(2)表达共情的要点

表达共情要注意以下几个方面：

①给自己保留思考的时间；

②简短、具体而准确地共情；

③既共情，又要保持真诚；

④防止出现不适当的共情性应答。不适当的共情性应答包括沉默、一言不发、鹦鹉学舌、不恰当地提问、歪曲内容等。

二、参与性技术

顾名思义，参与性技术意味着我们介入到辅导对象的心理世界，开始与他们建立起有目的的互动，心理辅导的效果和最后所有的技能整合基础就是这些参与性技术。这些技术可以帮助我们建立关系、收集信息、制定目标，以及深入了解和理解辅导对象。

(一)关注与倾听技术

1. 关注与倾听的含义

关注与倾听是指在心理辅导过程中，辅导教师全神贯注地聆听学生的叙述，认真观察其细微的肢体语言变化，体察其背后蕴含的深层次情感，并运用言语和非言语行为表达对学生叙述内容的关注和理解。关注与倾听是进行心理辅导过程中辅导教师最先作出的反应，该技术的主要目的是传达给学生一种被关注和被尊重的感觉。

关注与倾听可以分为三个层次。第一层次是准备关注和倾听，第二层次是身体的关注与倾听，第三层次是心理的关注和倾听。

2. 关注与倾听技术的功能

关注与倾听技术的功能主要有以下几项：

(1)建立良好的师生关系；

(2)鼓励学生开放自己、坦诚表白；

(3)聆听与观察学生语言与非语言行为，感受其内心世界；

(4)积极关注；

(5)治疗功能；

(6)了解问题；

(7) 提供自我成长的机会。

3. 关注与倾听技术的运用

(1) 准备关注和倾听技术

准备关注和倾听技术包括：

①尽可能多地了解学生。我们可以详细浏览学生的资料，着重了解其个性特点、练功动机、家庭支持系统以及犯罪目的等；

②准备谈话情境，主要指注重谈话场所的布置。例如，注意桌椅的摆放，尽量让学生感到谈话过程中他在得到关注，而不是来接受指责或改造的；

③辅导教师自己的心理准备，主要指辅导教师的自我放松。例如，在谈话前，我们自己可以回忆一些愉快的事情或者做一些放松练习。

(2) 身体的关注与倾听技术

身体的关注和倾听是指辅导教师通过非言语的肢体行为传达出的对学生的重视和关切，这在心理辅导的起始阶段非常重要。身体的关注和倾听技术主要包括：

①面对学生而坐；

②身体放松；

③身体姿势开放；

④保持良好的目光接触；

⑤身体微微前倾，尤其在学生谈到重点、关键或表情语调有变化的时候，这样可以传达出辅导教师专注于学生的谈话内容。

(3) 心理的关注和倾听技术

心理的关注和倾听是指辅导教师不只倾听学生的言语内容，而且注意学生语言叙述中语调的抑扬顿挫、声音的高低强弱，以及伴随学生言语行为的另一种无声的举动——非言语行为。心理的关注和倾听技术包括：

①观察与解读学生的非言语行为

心理辅导过程中出现的大量非言语行为，往往蕴藏着比言语行为更丰富、更真实的信息，它是一种自然流露，反映了学生内心真实的想法。非言语行为的表现主要有：

• 躯体行为，如姿势、躯体移动和手势等；

· 面部表情,如微笑、皱眉、扬眉、撇嘴;

· 与嗓音相关的行为,如语气、音调、嗓门大小、强弱、抑扬顿挫、词语间隔;

· 可观察到的自主的生理反应,如呼吸急促、出现暂时的皮疹、脸红、面色苍白和瞳孔扩张;

· 总体的外表,如修饰和衣着。

②倾听和理解学生的言语信息

a. 辅导教师在辅导过程中应不时用一些简单的词、句子或动作(如点头)来帮助学生把谈话继续下去。表示倾听常用的词或句子有"是的"、"哦"、"确实"、"真有意思"、"说下去"、"我明白了"、"你再说得更清楚些"等,而最常用的语言则是和点头动作连在一起的"嗯"。这些言语向学生传递了这样一些信息:"我在听你说"、"我对你说的内容很感兴趣"、"请继续说下去"等等。

b. 辅导教师要以理解的心态去对待学生所遇到的困难,尽管这些困难对于辅导教师和多数人来说算不上什么。辅导教师不应该感到惊讶,更不应该感到可笑,而应表示理解。

c. 辅导教师要善于体会学生对问题的看法,把握他们的思维模式,先去理解他们的想法,然后才能针对性地进行咨询。

d. 辅导教师还应当理解学生在问题出现的过程中也曾有过多种考虑,对问题也有过各种分析,甚至也想过许多解决问题的方法,但最终还是不能解决问题。即使学生采取了错误的或不当的措施,辅导教师也要理解他们的初衷是想改变自己,而并非故意把事情复杂化。

③倾听与了解学生的环境背景,了解学生问题发生的背景脉络,以及他所谈到的重要人物。

(4)无效倾听的种类

无效倾听的情况大概有以下几种:

①不充分的倾听;

②同情性的倾听;

③评判性的倾听;

④过滤式倾听；

⑤贴标签式倾听；

⑥插话式倾听。

(二)询问技术

1. 询问技术的含义

询问技术是辅导教师为了让学生有更多的表达，在必要的情况下结合学生的问题和辅导目标提出相关问题询问学生。临床询问技术分开放式询问和封闭式询问两类。

(1)开放式询问

开放式询问没有固定答案，可以允许学生自由地表达自己的状况。一般带"什么……"的询问往往能获得一些事实资料；带"如何……"的询问往往牵涉某一件事的过程；而带"为什么……"的询问则可引出一些对原因的探讨；有时可用"愿意不愿意……"、"能不能……"等问句来促进学生作自我剖析。

开放式询问的目的是：a. 开始咨询会谈；b. 鼓励学生说出更多的信息；c. 诱导学生讲述关于自己的行为、想法和感受的具体例子，以便辅导教师更好地理解那些造成学生当前问题的原因；d. 通过鼓励学生讲话以及指导他们进行有目的的沟通，促进学生发展与辅导教师的关系。

(2)封闭式询问

封闭式询问有明确、固定的答案，学生只能就事实状况加以回答。封闭式询问通常使用"是不是"、"对不对"、"要不要"、"有没有"等语句，而回答也是"是"、"否"式的简单答案。

封闭式询问的目的有：a. 通过要学生给出具体的回答来缩小讨论的范围；b. 收集特别的信息；c. 确认回答的指标参数；d. 打断喋喋不休讲故事的学生。

应该注意的是，在心理咨询与心理辅导过程中如果过多地使用封闭式询问，会使学生陷入被动回答之中，压制自我表达的愿望和积极性，而使其沉默不语甚至产生压抑感和被讯问的感觉。

许多开放式问句可以变换为封闭性问句，反之亦然。比较表3-2的问句，它们用于获得与同一话题有关的信息。在你读这些问句时,想象自己会怎么回答。

表 3-2 封闭式与开放式询问的比较

封闭式询问	开放式询问
你做完作业了吗?	告诉我,你的作业完成状况如何?
你父母对你好吗?	告诉我,你与父母的关系如何?
你有兴趣爱好吗?	告诉我,你的兴趣爱好如何?
你与同学的关系好吗?	告诉我,你跟同学相处得怎样?
你的学习任务完成了吗?	告诉我,你任务完成情况如何?
你这次考试成绩好吗?	告诉我,你对这次考试的感觉怎么样?

2. 询问技术的功能

虽然询问技术只是在必要的情况下使用,但这一技术却具有不可替代的功能:

(1)协助学生具体而明确地表达;

(2)有助于学生放松自己;

(3)有助于辅导教师更好地了解学生。

3. 询问技术的应用原则

(1)围绕关键点提问;

(2)给学生留有充足的时间做回答;

(3)一次只问一个问题;

(4)尽量避免指责性、面质性的问题;

(5)不把询问作为主要的反应模式;

(6)谨慎地提及敏感问题;

(7)在提问时将注意焦点集中在学生身上。

4. 询问技术的使用步骤

(1)确定询问目标

在询问之前,辅导教师通常要先做一些思考。辅导教师在询问之前,通常要看自己是否已经获得了学生的相关信息,特别是当学生表现出强烈的情感时,询问之前的倾听显得尤为重要。这会让学生感到被理解而不是被审问。在实际操作过程中，做好倾听技术和影响技术之间的衔接是非常重要的。

(2)依据目标决定所要询问的问题

开放式询问促进学生充分地挖掘自己，而封闭式询问一般是在希望获得比较特别的信息或者缩小讨论话题时使用。辅导教师要确保自己的问题围绕着学生关心的话题。

(3)评估询问的有效性

询问的有效性主要表现在是否达到了询问的目标。仅仅根据学生是否作出了回答，是无法确定所询问的问题是否有用的，还要考查学生是如何回答这些问题的以及由某个问题引出的解释、探究和对话的整个过程。

(三)反映技术

反映技术是指辅导教师对学生会谈中的言语、思想或情感进行再编排，并有选择地注意学生信息中的认知部分和情感部分，然后将学生的主要想法、表现出的或隐含的情感反馈给学生，以协助其接纳、觉察自己的认知和情感。反映技术包括内容反映技术和情感反映技术。

1. 内容反映技术

(1)内容反映技术的含义

内容反映，也称释义(paraphrase)或说明，是指把学生的主要言谈、思想加以综合整理后，再反馈给学生。辅导教师要对学生先前叙述的语言和思想进行再编排，尤其是有选择性地注意学生信息中的认知部分，并将学生的主要想法用辅导教师的语言表达出来。

(2)内容反映技术的功能

内容反映技术的功能主要有以下几项：

①澄清学生的想法；

②鼓励学生表述核心问题；

③使学生集中思路；

④协助学生做出决定。

(3)内容反映技术的运用

内容反映技术的运用步骤大体上分五步进行。

第一步:学生告诉我什么了?

第二步:学生的信息中涉及什么样的情境、人物、事件与想法?

第三步:选择一种构成词汇为学生所熟悉的语句。

第四步:运用所选择的语句将学生信息中的主要内容或概念用自己的语言表达出来。

第五步:通过倾听和观察学生的反应评价内容反映的效果。

内容反映技术在运用时要注意以下几点:

①辅导教师所反映的内容不得超出学生叙述的范围,避免加入自己的主观色彩,也不应遗漏学生的重要想法与感觉。

②尽量使用自己的语言,不要重复学生的话。

③所用的语言应简洁明了,言语表达应尽量口语化。

2. 情感反映技术

(1)情感反映技术的含义

情感反映技术是指辅导教师辨认、体验学生言语和非言语行为中明显或隐含的情感,并且通过确切的言语把学生的情绪感受说出来,并反馈给学生,协助学生觉察、接纳自己的感受。情感反映技术可以帮助学生重新审视自己的经验,进入自己的感觉,觉察、接受和表达自己的情感。

(2)情感反映技术的功能

①鼓励学生对特殊情境、人物或事件表达出更多的(积极的和消极的)情感。

②让学生感觉到辅导教师对自己的深切体谅和理解,增进学生的安全感和对辅导教师的信任,改善师生的关系。

③帮助学生准确区分不同的情绪感受。在咨询与辅导过程中,学生往往会经常使用"焦虑"、"紧张"等描述情感的词语。如果学生仅用这些词表达,会掩盖了其更深层次的情绪表达。准确的情感反映可帮助学生理解各种不同的感受。

④帮助学生控制情绪。

⑤让学生更加愿意与尝试理解自己的人进行交流。

(3)情感反映技术的运用

情感反映技术的运用步骤可分为六步。

第一步:倾听学生信息中所使用的情感词汇。情感词汇所表达的积极、消极或含混不清的情感可以归为五类:幸福、悲伤、冲突、愤怒和恐惧,熟悉这些词汇会帮助我们在与学生的交流中识别它们,并扩大我们用于描述情感的词汇量,见表3-3。

第二步:做情感反映时,应注意观察学生的非言语行为。学生的非言语行为是了解其情感状况的主要线索。

第三步:辅导教师要准确把握学生言语和非言语线索中的情感。

第四步:选用一个合适的语句开始进行情感反映。例如:"你表现得好像正在生气","看起来你现在正在生气","听起来你似乎正在生气","我听到你说你正在生气","我能捕捉到你正在生气"等。

第五步:把学生情感发生时的情境加进情感反映中去,通常情境内容可以通过学生信息的认知部分来确定。

第六步:评估自己的反映是否有效。

(四)重复技术

1. 重复技术的含义

重复技术是辅导教师有选择地重复学生谈话中的重要语词,来强化学生谈话内容,并鼓励学生提出更多的与所讨论的主题相关的信息。

2. 重复技术的功能

(1)促进谈话朝着重复方向继续

辅导教师通过对学生所叙述内容的某一点、某一方面作选择性关注并加以重复,从而引导学生的谈话朝着辅导教师希望的方向深入。

(2)有助于学生进一步了解自己

学生表达更多的细节来回应辅导教师的重复,这个过程可以协助学生进一步探讨问题、了解自己。

(3)有助于辅导教师进一步了解学生

表 3-3　常用情感词汇分类

表达情感的程度	愤怒	冲突	恐惧	幸福	悲伤
强烈	愤怒 激动 激发 疯狂 惹恼 发怒 恼怒 愤慨 急躁 狂怒 撒野 激愤	割裂 歪曲 扭曲	绝望 淹没 恐慌 惊呆 惊惧 恐怖 恐吓 拷打	充满生机 狂喜至极 鼓励生命 热心 入迷 激奋 充裕 自由 感动 自豪 极度喜悦	极度痛苦 打击 减弱 压抑 无望 无助 丧失 贬低 痛苦 消沉 窒息
中度	厌恶 劈裂 折磨 受辱 激惹 郁闷 憎恨 愤然 恶意 耗费	封闭 压力 做作 撕裂	害怕 恼怒 焦虑 惧怕 恐惧 震惊 惊吓 担忧	喜悦 激动 幸福 希望 兴奋 惊奇 飘浮	放弃 烦闷 丧气 痛苦 沮丧 消耗 空洞 受挫 孤独 损失 悲伤 不幸福 沉重
轻度	烦恼 干扰 烦扰 厌烦 惹恼 易怒 责备	障碍 局限 抓住 涌现 避开	担忧 关注 紧张 紧迫 心神不安	奇妙 倾向 舒适 相信 满足 高兴 愉快 轻松	同情 乏味 困惑 失望 不满足 混乱 屈从 不信任

辅导教师对学生所陈述问题的关键信息予以重复,可以鼓励学生就这个问题作进一步说明,从而给辅导教师提供更多的相关信息。

3. 重复技术的使用

心理咨询与辅导过程中可随时使用重复技术。辅导教师想把与学生之间的谈话引至某个主题,或者在谈话过程中希望学生就某一重要部分作进一步说明,都可以使用重复技术来实现。

(五)澄清技术

1. 澄清的定义

澄清(clarification)是指辅导教师为了更清楚地了解学生谈话的意义,根据自己的理解来确认学生的意思而使用的一种反应技巧。

澄清的形式有基础形式、态度判断形式和探究条件形式。

(1)基础形式

当学生的话勉强可以听到时,要用澄清反应来核查自己听对了没有或学生的真正含义是什么。例如:"对不起,我没太听清楚。你能再说一遍吗?""我没听懂你说的话,你是说……吗?"

(2)态度判断形式

将学生刚才说的话重述一遍并提出一个封闭型问题,先后次序任意。例如:"你刚被老板解雇,而工作对你来说很重要,因此你很失望,对吗?""你是说,你父母的这些做法对你没有造成伤害,是吗?"

(3)探究条件形式

探究条件形式的澄清是指在选择问句中对一句话进行重述。例如:"你是感到吃惊呢,还是有其他的感觉呢?"、"你认为别人对你的总体评价是好的呢,还是有其他的评价呢?"

2. 澄清的作用

(1)鼓励学生更详细地叙述;

(2)检查学生所说信息的准确性;

(3)解释含糊和混淆的信息;

(4)澄清学生言行的动机和欲望,帮助学生深入对内在自我的省察。

3.澄清技术的运用原则

(1)承认没听清楚或没听明白学生所说的话;

(2)尝试重复或请求澄清、重复或解释。

(六)具体化技术

1.具体化技术的含义

具体化技术是指辅导教师聆听学生叙述时,若发现学生陈述的内容有含糊不清的地方,以"何人、何时、何地、发生何事、如何发生、有何感觉、有何想法"等问题,协助学生更清楚、更具体地描述其问题。

2.具体化技术的功能

(1)协助学生了解自己的问题真相

咨询与辅导过程中,如果发现学生说的话条理杂乱、内容空泛时,应当使用具体化技术予以澄清,采用类似"剥笋"的方法层层解析、由表及里,这也是心理辅导的一种基本方法。它不仅有助于辅导教师对学生所述问题(比如某种个性、思维方式、人际关系状况等)的深入了解,也有助于学生增强自我认识。

有些学生在谈到自己的问题时往往使用一些含糊的字词,如"我烦死了"、"我感到郁闷"等,学生被这种情绪笼罩的时候,往往会陷入困扰之中。有些学生自己也搞不清楚事情究竟是怎样的,自己是怎么思考的,体验到的往往是一种不确定的、模糊的感觉。这些时候,辅导教师应当使用具体化技术使学生模糊的情绪体验、思想逐渐清晰起来。

(2)有利于达成解决问题的目标

使用具体化技术,能够帮助辅导教师与学生避免谈论那些漫无边际的问题,跳出盘根错节的混乱局面,直奔某一个核心主题。

3.具体化技术的运用

具体化技术的正确运用表现在以下几个方面:

(1)协助学生具体叙述问题发生所涉及的人物;

(2)协助学生具体叙述问题发生的时间;

(3)协助学生具体叙述问题发生的地点;

(4)协助学生具体叙述自己的感觉;

(5)协助学生具体叙述事情经过;

(6)协助学生具体描述事件的起因;

(7)避免将会谈方向转移到不重要的主题上。

具体化技术运用时要注意:

(1)确认学生的言语和非言语信息的内容,即学生告诉了我们什么;

(2)确认任何需要检查的含糊或混淆的信息;

(3)确定恰当的表达方式,辅导教师可以借用开放式的提问,采用疑问口气而不是陈述口气进行具体化。例如,"你能描述……","你是说……","你能说得更具体点吗?"

(七)即刻性技术

1. 即刻性技术的含义

即刻性技术是指在辅导过程"师生双方"的互动中,当辅导教师意识到这种关系正在发生变化时,将自己所感受到的变化,以真诚、直接和开放的方式跟学生讨论,或让学生也知道这种变化。

即刻性技术虽然也涉及自我流露,但是它仅与当前情感的自我流露有关,是辅导教师对学生此时此刻的言语和非言语行为产生感觉和想法时的一种反应。

2. 即刻性技术的功能

(1)巩固相互的信任关系;

(2)处理学生的依赖问题;

(3)处理相互间的投射与移情问题;

(4)处理学生束手无策或没有解决的问题;

(5)处理开始与结束阶段学生不舒服的感觉。

3. 即刻性技术的运用步骤

即刻性技术是一套比较复杂的技能,它需要机智灵活地加以运用,其步骤包括:

(1)辅导教师要意识到或感觉到相互关系中正在发生着变化;

(2)恰当的言语反应;

(3)叙述情境或行为；

(4)真诚分享；

(5)了解即刻性技术运用后学生的反应。

使用即刻性技术要遵守两个原则：

(1)辅导教师要即时描述此时此刻正在发生的事情；

(2)即刻性技术所使用的词语应该是现在时态。

三、影响性技术

与参与性技术不同，影响性技术要求辅导教师能更多地发表自己的看法，并表现得更富有挑战性。心理咨询大师 Egan 曾说，影响性技术是对当事人言语及行为中"问题成分"进行的相应反应。

(一)面质技术

1. 面质技术的含义

面质又称对质、对峙、正视现实等，是一种言语反应技术，是指辅导教师指出学生身上存在的矛盾，构成对学生的一种挑战，以激发他的能量，为了其自身的利益向着更深刻的自我认识和更积极的行为迈进。

赫普沃斯指出，面质类似于解释和附加共情。它是用来增进学生自我意识和促进他们改变的工具。面质使学生面对他们的思想、情感或行为中的某些方面，而正是这些方面导致或维持了他们自己的困难。

2. 面质技术的功能

(1)帮助学生意识到他们的想法、言谈、行为中存在的矛盾。学生存在的矛盾通常表现为：学生言语和表情之间的矛盾、言语前后的矛盾、言语和行为之间的矛盾、学生对某些事实的扭曲等。

(2)协助学生对自己某些破坏性或不合理的行为进行公开、真诚的挑战，推进咨询的进行，确立目标及设计行动计划。

(3)帮助学生学习自我面质，进一步增强自我探索和自我成长的能力。

3. 面质技术运用的基本原则

使用面质技术时必须谨慎,以免使用不当而增加学生可能需要摆脱或改变的行为模式。面质技术运用的基本原则有:

(1)辅导教师必须清楚自己使用面质的动机;

(2)面质用在咨询与辅导过程中并不是对学生的攻击,也不是辅导教师寻求机会烦扰学生。面质的目的是为了澄清问题,促进学生成长,故应以学生利益为重。无论是面质的内容还是意图,都应是积极的。面质是提供具有建设性和指导性反馈的手段,而不是提出异议和批评;

(3)面质反应针对的是学生的问题中的矛盾,而不是针对学生本人;

(4)面质要以事实为依据。在事实不充分、不明显时,一般不宜采用面质。即便在应用面质技术对学生面临的矛盾或冲突进行描述时,也应当引用学生行为中存在的具体例子,而不能只是作模糊的推论;

(5)面质应建立在良好的师生关系的基础上;

(6)在使用面质时,辅导教师的共情、尊重、温暖、真诚等是非常重要的,因为良好的师生关系会给学生以心理支持,而充满理解与真诚的面质会减弱面质中的有害、危险成分;

(7)应用面质时应注意好时机的选择;

(8)辅导教师在使用面质技术之前,应先判断学生的注意程度、焦虑水平、渴望改变的强度以及倾听的能力;

(9)可使用尝试性面质。在师生关系建立早期,辅导教师若不得不使用面质技术时,也可以进行一些尝试性面质,要注意学生对面质的反应;

(10)面质技术的使用,通常能让学生意识到自己的矛盾或冲突。对于学生来说,对自己矛盾的意识是解决冲突的第一步。单独使用面质技术,而不进行更多的讨论和辅导技术,不可能完全解决学生的矛盾和冲突,学生真正的意识常常难以觉察,因为这种意识可能并不是一种即刻性反应,而是要经过一段时间才发生的。

4. 面质技术的运用步骤

心理咨询与辅导过程中,挑明学生不一致的地方往往会受到学生的抵触或引起学生的反感,因此必须十分小心。我们可以遵循以下几个步骤:

(1)观察学生。辅导教师在进行面质时必须收集足够的证据,敏锐觉察学生不一致的地方,并确信自己的觉察无误。

(2)以学生的个性或准备状态为基础,判断是否适合使用面质。辅导教师需要评估师生关系,评估学生的类型,评估学生是否觉得安全,评估学生的支持系统是否稳固等。

(3)决定意图。辅导教师需要考虑为何要用面质,想要完成什么样的目标,是提升觉察,达到领悟,还是处理阻抗。

(4)呈现面质。呈现面质时不做判断是很重要的,因为面质不是批评,而是鼓励学生更深层次地审视自己。可以使用这样的表达方式:"一方面……,但另一方面……","你说……但你也说……","你说……,但你行为上似乎……"等等。

面质技术使用时应注意时机的把握。使用得好,可以引发学生思考、改变;使用得不好,则会破坏师生关系。

(二)自我表露技术

1. 自我表露的含义

自我表露,又称自我揭示、自我开放或自我暴露,是指辅导教师讲出自己的感觉、经验、情感和行为,与学生分享,以增加彼此的人际互动。

2. 自我表露技术的功能

自我表露技术在面谈中十分重要。原来只强调学生的自我表露,以后逐渐认识到辅导教师的自我表露有和学生自我表露相等的价值。自我表露可以建立并且促进师生关系,能够使学生感到有人分担了自己的困扰,感受到辅导教师是一个普通的人,能借助于辅导教师的自我表露来实现学生更多的自我表露。自我表露技术的主要功能在于:

(1)可以使学生感到辅导教师对自己的信任,拉近双方的距离;

(2)当辅导教师讲述自己的经验时,可以对学生起到示范和启发作用;

(3)当咨询陷入停滞状态时,辅导教师的自我表露可能使咨询出现转机。

3. 自我表露技术的运用原则

(1)自我表露需建立在一定的师生关系上以及有一定的谈话背景。如果过于出

其不意,学生对此可能没有心理准备,反而起不到好的效果;

(2)自我表露的内容、深度、广度都应与学生所涉及的主题相符。许多证据表明,中等程度的开放有更积极的效果,开放程度过深或过浅,都不一定有效果;

(3)注意自我表露的时间,即辅导教师开放自己信息的时间。由于学生接受咨询的时间是有限的,辅导教师长时间的自我表露会占用学生的时间;

(4)辅导教师使自己的开放在内容和情感上与学生相接近;

(5)应该考虑自我表露的适宜对象。学生问题的性质、学生自身所具有的能力以及诊断类型等都是需要考虑的因素。对于具有严重进行性心理疾病的学生,自我表露技术的使用要非常严格和具体,而对于诊断人格障碍的学生,则不宜使用自我表露技术;

(6)不要给学生加重负担;

(7)保持灵活性。

4. 自我表露技术的运用步骤

(1)评估辅导教师使用自我表露的目的

Simone 设置了一系列问题,来帮助辅导教师思考使用自我表露技术时的益处和危险:

①自我表露会把焦虑从学生身上拉开吗?

②会使辅导界限模糊吗?

③会使学生关注于我的需要或者被我的脆弱所吓倒吗?

④我的开放是否会使学生担心我帮助他的能力?

⑤这种开放是会增进还是会损坏我们的情感?

⑥会有助于学生从不同的角度看问题,还是会使学生感到困惑?

⑦这种开放会有助于学生感到更多希望并减少孤独感,还是会使学生更有信心?

⑧这位学生是否需要我做出自我表露的示范?

(2)评估辅导教师本人对学生是否具有足够的了解

辅导教师通过评估自己对学生了解的程度,来确定学生是否能够利用辅导教师的自我表露来增进自己的领悟和采取行动。此外,要考虑学生问题的性质及诊断类型,以及它们影响学生有效运用辅导教师自我表露的能力。

(3)评估辅导教师自我表露的时机

辅导教师应注意自己得到了什么样的线索,以此来判断学生是否准备好接受自己的自我表露。

(4)评估辅导教师进行自我表露的有效性

辅导教师可以通过使用内容反映、情感反映和开放性提问来追踪学生的反应,以此来观察学生是接受了辅导教师的自我表露还是变得更加封闭了。如果有学生似乎对辅导教师的自我表露感到不舒服,或者并不认为辅导教师开放的内容与他(她)自身的处境有相似之处,那么辅导教师最好不要进一步作自我表露,或者不在本次咨询中使用,或者不再对这位学生使用。

5. 使用自我表露技术的注意事项

(1)不要因为与学生分享自己的经验而颠倒了师生关系中辅导教师的角色;

(2)辅导教师自我表露的次数不宜太频繁,否则反而显得不够真诚;

(3)辅导教师必须确定自我表露的内容有助于学生,而不是满足自己的需要;

(4)自我表露只是一种技术,辅导教师的自我表露应该与某种咨询目标相联系;

(5)辅导教师自我表露的程度,要随着彼此的亲密程度的变化而有所调整。

(三)解释技术

1. 解释技术的含义

解释技术是指辅导教师运用某一理论来描述学生的思想、情感和行为的原因、过程、实质等,使学生从一个全新的、更全面的角度来面对自己的困扰、自己周围的环境以及自己,并借助于新的观念、系统化的思想来加深了解自身行为、思想和情感,产生领悟,提高认识,促进变化。

2. 解释技术的功能

在心理咨询与辅导过程中,辅导教师适当运用解释技术可以收到良好的效果。解释技术的具体功能如下:

(1)有效的解释有助于建立积极的师生关系

咨询会谈中,辅导教师适当运用解释技术,能够加强学生的自我剖析,提高辅导教师在学生心目中的可信度,并能传达出辅导教师对学生的咨询态度。

(2)有助于识别学生明确表达和隐藏的信息与行为之间的关系模式

学生明确表达的信息是言语和非言语中的行为部分,而隐含的信息是学生没有说明或没有直接从行为中表达出来的那部分。

(3)帮助学生对自己的问题有更好的理解和领悟

对于辅导教师的解释反应,学生自己都有可能不承认,这是因为辅导教师的解释反应揭示了学生隐藏的目的或期盼的行为,而且这些解释反应又超越了已经表达出来的信息。

3. 解释技术运用的原则

(1)必须建立在良好师生关系的基础之上;

(2)必须了解情况,解释准确,避免偏见;

(3)解释的内容不能与学生的文化背景发生冲突;

(4)不能把辅导教师自己的解释强加在学生身上;

(5)注意解释后学生的不同反应。

4. 解释技术运用的步骤

有效运用解释技术大体上可分以下三个步骤:

1. 掌握学生信息中隐含的意思;

2. 确定自己对学生问题的看法;

3. 评估解释技术的效果。

从上述步骤中,我们可以设计出一个关于辅导教师有效解释和评估其效果的模式:

(1)学生信息中隐含的那部分内容是什么?

(2)我对这个问题的看法符合学生的文化背景吗?

(3)我怎样知道我的解释是有效的?

(四)提供信息技术

1. 提供信息技术的含义

提供信息是心理咨询与辅导工作的重要环节之一,指在咨询与辅导过程中,辅导教师为了协助学生了解问题、做出决定、规划行动或解决问题而向学生提供相关的资料信息。它是辅导教师针对学生个人经历、事件、人物的信息或事实与学生进行的语言交流。

2. 提供信息的方式

(1)通过网络提供信息；

(2)通过相关书籍或活动提供信息；

(3)提示学生对问题主动负责；

(4)对学生进行角色引导；

(5)对学生体验到的症状加以说明；

(6)向学生提供咨询技术应用的信息。

3. 提供信息技术的基本原则

为了正确应用提供信息技术,辅导教师应注意以下几点：

(1)明确学生对信息的需求时间；

(2)掌握学生需要什么样的信息；

(3)尽可能客观地呈现信息；

(4)不将信息强加给学生；

(5)避免让学生养成依赖习惯。

4. 提供信息技术的步骤

根据上述基本原则,我们把提供信息技术按以下几个步骤来进行：

(1)评估学生对于了解自己的问题尚缺乏什么样的信息,即:学生对自己的问题缺乏什么样的信息？

(2)确定准备提供的信息与学生文化背景的关系,即:将要提供的信息对于学生的文化背景来说,是相关而恰当的吗？

(3)确定信息提供的顺序,以利于学生的理解和记忆,即:辅导教师怎样安排信息的呈现顺序才更好？

(4)辅导教师要以学生能够理解的语言和风格去呈现信息,即:辅导教师怎样呈现这些信息,以使它们更容易被学生理解？

(5)评估信息内容可能对学生带来的情感冲击,即:这些信息可能对学生造成哪些情感冲击?

(6)判断所提供的信息是否有效,辅导教师要注意学生对信息的反应以及随后学生利用信息的情况。

(五)提建议技术

1. 建议的定义

建议是指辅导教师就学生关心的问题提出建议,以帮助学生思考其问题,做出决定。

2. 建议技术运用的注意事项

(1)在谈话开始阶段要避免给出建议;

(2)应该在试图解决问题或提供建议之前与学生仔细探讨某个具体问题;

(3)使用一句话或一个开放性的问题来表达自己的建议;

(4)询问学生从朋友、家人和以前接受过的心理咨询中曾获得过哪些建议;

(5)在使用建议技术时,要注意措辞。

可以采用这样的表达:"如果那样的话,可能会对你更好些。""如果我是你的话,我可能会……"等。

(6)在大多数情况下,当学生询问辅导教师的意见时给予建议比较合适,一般不应主动提出过多的建议。

3. 提出建议可能存在的风险

第一,学生不仅会拒绝接受辅导教师所提出的某个建议,而且会拒绝接受任何其他的建议,以此来建立自己的独立性。

第二,如果学生采纳了辅导教师的建议,而依照这一建议所采取的行动却失败了,在这种情况下学生可能会将自己的失败归咎于辅导教师,并过早地终止咨询。

第三,如果学生按照建议去做,并且取得了满意的结果,则他(她)有可能变得过于依赖辅导教师。

(六)非言语行为观察技术

1. 非言语行为的含义

非言语行为,也称体态语,是指与说话者言语行为相伴而产生的身体姿势、手和腿的动作、目光接触、面部表情以及副语言等。心理咨询中具有重要意义的非言语行为主要有:目光注视、面部表情、身体状态、声音特性、空间距离、衣着步态。一个有效的辅导教师应理解这些非言语行为的意义。

在心理咨询过程和人际交往中,通过面部表情传递的情绪信息常常决定着人际交往的进程及方向。

虽然面部表情是确认学生情绪特性时首先要注意的部位,躯体、四肢、手的运动在信息交流过程中也起着重要作用。咨询与辅导过程中,学生无意间的身体活动所反映的信息常常比其言语更多,尤其是在两种系统的信息不一致时更是如此。例如,咨询会谈中,一位学生坚持说在一次意外事故中他的左手受了伤,到现在都无法握紧。但在说此话的同时,他的左手下意识地连做了几次抓握动作。辅导教师看到,他的左手抓握自如。

有人把有声的非言语交流称为副语言,它是语言表达的一部分,包括言语的音质、音高、音调和言语节奏的变化等。其中音质相对稳定不变,其他部分都可以变化。人们的言语表达借助于音高、音调及言语速度的改变,能够表达多种复杂细微的感情。这些声音成分所传达的信息可高达38%,亦是心理治疗过程中不可忽视的成分。

2. 非言语技术的功能

(1)借助于学生的非言语行为,辅导教师可以更全面地了解学生的心理活动。

(2)辅导教师可以借助于非言语行为更好地表达自己对学生的支持和理解。

3. 运用非言语行为技术的注意事项

(1)要综合考虑学生的非言语行为;

(2)谨慎看待言语与非言语行为的不一致;

(3)辅导教师不宜轻易流露对学生非言语行为的态度;

(4)辅导教师要十分重视自己非言语行为的正确表达;

(5)辅导教师对学生非言语行为的处理要有技术。

对有些学生来说,非言语行为可能提示治疗性改变、冲突或者处于学生意识之外的潜在情绪和躯体变化，它往往提供了以下一些在与学生的沟通中的非言语泄露的例子：

①它是一种不寻常的手势、表情（面部表情或语调变化）或动作，而辅导教师以前没有在该学生身上看到过；

②它是一种迅速的手势、表情或动作，一旦发生，学生便力图隐藏；

③它是一种发生有些规律性的手势、表情或动作，常常发生在可预期的情境中；

④它是一种习惯性的手势、表情或动作，而学生没有意识到，或者被问到时会否认。

辅导教师一旦观察到学生的非言语泄漏，必须作出决定：是公开地作出反应，还是默默地予以关注；是在该咨询中进行处理，还是以后再来处理。

(6)使辅导教师与学生的非言语行为同步。

此处强调的同步性，指的是辅导教师与学生非言语行为之间的和谐程度。在咨询会谈中，尤其是开始阶段，辅导教师与学生的非言语行为之间保持协调是很重要的。

(七)突破阻抗技术

1. 阻抗和突破阻抗技术的含义

阻抗是指在心理咨询与辅导过程中来自学生或师生关系中妨碍咨询进行的某种力量或因素。学生对于心理咨询与辅导过程中自我暴露与自我变化的抵触与抗拒，通常表现为压抑、忧虑和回避痛苦，或对于某种行为、认知、改变的拒绝等。

突破阻抗技术是指在心理咨询与辅导过程中，辅导教师指出学生无意识地抵制、阻碍会谈顺利进行的现象并对其进行分析讨论、修正的过程。

2. 阻抗产生的原因

与防御机制一样，阻抗是个体在早期生活中学会的应对方式，并在恐惧和焦虑时使用。卡瓦纳认为导致学生产生阻抗的主要原因有以下三个方面：

(1)对成长中痛苦的阻抗。在幼年时期所形成的心理"图式"在短时间内是很难消除的，而且也不会轻易改变。

(2)机能失调性行为阻抗。机能失调性行为最初是偶然发生的,但它使个体的某方面需要得到了满足,从而使其行为发生了由量到质的变化,最终某种行为被巩固下来。

(3)反抗性的动机。

3. 突破阻抗技术运用的注意事项

(1) 避免落入学生设下的"圈套";

(2)严格避免说教;

(3)对待阻抗要有耐心,仔细地分析阻抗背后的深刻原因;

(4)注意对待移情或反移情引起的阻抗;

(5)正确区别学生所面临的问题;

(6)慎重对待不同的学生。

(八)移情和反移情技术

1. 移情

(1)移情的定义

移情是指学生将过去对父母的感觉、想法、情绪等表现在与辅导教师的关系上,或者将过去对其有重要意义的人际关系重现在辅导教师身上。

(2)移情产生的原因

移情现象的发生主要与学生的过去经验以及心理冲突有关。移情可能源于当事人童年时期与关键人物关系的体验(车文博,1990)。

(3)移情的类型

从形式上,移情可以分为正向移情和负向移情;从表现上,移情可分为直接移情与间接移情;从内容上,移情又可分为依赖、权力、性、讨好四类(林家兴等,2003)。

(4)移情的特点

①重复性

学生出现移情反应主要与其过去的,特别是早年的经验以及心理冲突有关,所以学生对辅导教师产生的情感与态度,往往是这些经历与冲突在咨询情境中的重现。

②不恰当性

学生通过不恰当的方式思考或感受对辅导教师作出反应,这种移情可以是情感反应或缺失。

③双向性

这是指所有移情在临床上都会表现出矛盾现象,也就是学生对辅导教师所呈现的感情并不是单方向的,而是存在双向性。

④易变性

这是指学生对辅导教师的移情反应会在意想不到的情况下发生突然的改变,格洛弗(Clover)曾将此称为移情反应的"漂移"现象。这种移情的易变性在神经症和癔症性抑郁患者中比较多见,且常常出现在咨询的早期(施琪嘉等,1998)。

⑤持久性

这是指在咨询的后期,学生的移情反应会变得顽固,学生可能形成了一种情感的慢性模式,并将这种模式用以对抗咨询(施琪嘉等,1998)。

(5)移情的影响

①为辅导教师提供重要信息。对于辅导教师来说,移情提供了关于学生早年经历、人际关系等方面的重要信息,揭示了学生的潜意识内容。

②使学生表达感受,获得认识。首先,移情反应往往给当事人提供了一个机会,让他们表达出多年埋藏在内心的情感体验,不管是意识中的还是意识之外的体验(陈新等,2001)。而这种情感的表达对于减轻学生的症状以及心理负担是有好处的。其次,通过辅导教师对学生移情表现的分析还有助于学生对自己的过去有一个更深的了解,对现在出现的问题形成正确的认识。

③改善师生关系。正向的移情中,学生对辅导教师产生的积极情感常常有助于辅导教师与学生建立起良好的师生关系。

④提高咨询效果。虽然许多辅导教师都认为移情的出现会降低咨询的效果,非精神分析学派的辅导教师更认为移情会成为咨询的阻力,但也有许多辅导教师认为移情是有治疗价值的,可以提高咨询的效果。

2. 反移情

(1) 反移情的定义

反移情(counter-transference)是指辅导教师受到学生的刺激而引起的不适当的情绪反应与行为反应。从狭义上讲，反移情是指辅导教师无意识地将早年对特定对象的感觉、想法和情绪等投射在学生身上。从广义上讲，反移情是指辅导教师由于学生而引起的情感体验和行为表现，也就是将自己内在的欲望与冲突表现在咨询的工作情境中(林家兴等,2003)。

(2) 反移情产生的原因

① 生活中未解决的事件

辅导教师本身也不是十全十美的，也是生活在各种社会关系之中，也要处理生活中出现的各种问题。

② 无意识冲突

起消极作用的反移情常源自辅导教师自身的伤痛。在辅导教师的成长历程中，也可能受过一些伤害或者有过不愉快的经历，而这些经历可能在辅导教师的意识之中被压抑了，进入了无意识中，但是未解决的心理冲突会因为辅导教师受到某种刺激而被唤起。

③ 文化偏见

在咨询与辅导过程中，文化变量常常会被忽视，其实这是一个很重要的影响因素。因为辅导教师也是生活在一定的社会文化环境中的，从小就接受周围文化的熏陶，其世界观、人生观、价值观也必然会受到文化的影响，而表现在咨询情境中，就可能因为与学生的文化背景或者文化熏陶有冲突而形成辅导教师自己的文化偏见，从而导致辅导教师无法以客观与中立的立场来看待学生的问题，此时就可能发生了咨询者的反移情现象。

(3) 反移情的类型

反移情现象从形式上也可以分为正向的反移情与负向的反移情；按其内容可分为过分保护行为、纵容行为、拒绝行为和敌意行为四种(华特金斯,Watkins)。

3. 移情的处理

(1)移情的判断

①对移情的误解

第一种误解是认为在咨询与辅导过程中,学生产生了移情是不好的、不正常的现象,应该避免。如果发生了移情就应该停止师生关系,并且将学生交给其他的辅导教师。

第二种误解是认为学生喜欢辅导教师是不好的、不正常的现象,害怕再继续发展下去会出现正常师生关系以外的关系,所以应该避免。如果发生了这种移情就应该中止辅导关系,并且将学生交给其他老师。

第三种误解是认为如果学生发生了移情现象,只要辅导教师不予理会或者假装不知道,避开处理这种移情,学生对辅导教师的移情自然就会消失,从而回到正常的轨道上来。

②移情的引发因素

a. 学生的因素。这主要是指学生的生活发生了改变而引发了其在咨询与辅导过程中的移情。

b. 辅导教师的因素。这主要是指辅导教师在咨询与辅导过程中看待学生的方式、讲话的方式、坐的姿势、思考问题的方式、情绪反应的情况以及价值观等都可能触发学生出现移情(钱铭怡,1994)。

c. 咨询契约方面的因素。这主要是指咨询与辅导过程中的结构性改变,例如与辅导教师局面的难易程度的改变等也会引发移情的产生(Sherrvcormier'等,2004)。

③判断移情的线索

学生的反应异常。当学生对辅导教师表现出与咨询情境或咨询内容不相称的情绪或行为反应时,这时辅导教师就要注意是不是学生对自己的态度发生了改变,以致他在行为或情绪上将其表现出来。

学生的期望异常。在咨询与辅导过程中,学生可能会在毫无信息或者很少信息,或者是在毫无现实依据的情况下对辅导教师或咨询过程产生某种期望。

为保证移情判断的准确性,辅导教师应做到以下两个方面:第一,从初次会谈起便要建立一种有利于咨询的规范;第二,辅导教师通过言行维持咨询契约的一致性。

(2) 处理移情的阶段与原则

① 准备阶段

a. 思想上的准备。它包括不做不当的归因、保持接纳和中立的态度、保持职业立场。

b. 行动上的准备。它主要指在与学生会谈时进行敏锐的观察。

② 处理阶段

a. 处理移情的原则

第一,咨询的初期不要进行移情的解释;

第二,处理辅导关系先于处理问题内容。

b. 区别不同的移情现象

第一,区别不同形式的移情;

第二,区别不同表现和程度的移情。

c. 直接辅导

第一,提醒学生其行为已经背离基本规范或辅导关系;

第二,直接向学生指出其移情反应;

第三,使用解释以促进学生的领悟。

4. 反移情的判断和处理

(1) 反移情的判断

① 异常的情感反应

辅导教师常见的异常情感反应有:出现超出正常的强烈情感体验(特别是愤怒、恐惧、内疚、厌恶、同情);感到不能理解学生的处境,缺乏同理;感到经不起学生的批评与质疑,并处于防御状态;感到学生没有实事求是地评价自己为他所做的一切;试图以自己的知识及技术给学生留下深刻的印象。

② 异常的行为反应

辅导教师异常的行为反应包括六个方面:

第一,违反了惯例,如谈话内容多于或少于一般情况,提前或推迟停止学生的

咨询(即违反了咨询契约)等;

第二,注意力不能集中在学生身上,而专注于其他事物,感到昏昏欲睡或者厌倦;

第三,不关心学生;

第四,与学生就某一问题进行争论;

第五,害怕学生的再次来询;

第六,变得过分专注于某一学生。例如与他人反复地谈论这一学生,或者热切或不安地期待该学生的下次来询。

(2)反移情的处理

从广义上讲,反移情的处理包括对反移情的觉察与对反移情的具体处理。辅导教师要增加对自己的想法和情绪的觉察能力,随时检视自己对学生的感觉和情绪是否属于反移情现象,这可以通过自我提问的方式来检查。例如,可以问自己:在与这位学生进行咨询时,我有什么感觉?对这位学生的感觉是否与平常对学生的想法和感觉不同?我在咨询中的情感与学生的行为是否一致?是否源于自己的主观原因?对学生的想法与情绪是否不当?

对反移情处理有三种具体的方法,包括依据录音录像进行自我分析、寻求督导帮助、把学生交给其他辅导教师。

(九)结束咨询技术

1. 结束咨询技术的含义

结束咨询技术是指辅导教师在终止咨询过程或辅导关系时采用的技术。

2. 结束咨询技术的功能

(1)激励辅导双方努力地实现辅导的目标;

(2)给学生提供了一个建立成熟自我的机会。

3. 结束咨询技术运用的注意事项

(1)做好单元咨询过程的结束。在咨询之初,每个咨询单元的用时都有明确的规定,一般为50分钟左右一个咨询单元,其中,辅导教师可用5~10分钟来调整学生开始和结束咨询时的心态。

(2)选择合适的结束时机。

(3)处理好结束时的阻抗及相关问题。

4. 结束咨询的方法与评价原则

(1)结束咨询的方法分逐渐消失法和发展学生自身能力法两种。

(2)评价结束师生关系的原则

①要清晰地认识到学生和自己的需要和想法；

②咨询或辅导过程中应更注意学生的情感而不是观念；

③对学生已经取得的变化给予支持性鼓励。

至此，我们已经介绍了常用的所有心理辅导技术。尽管这些技术是一项一项介绍的，但在实际辅导过程中，这些技术的使用往往混杂在一起，而这些技术也是相辅相成，综合发挥效用。学习这些技术，就如同我们学习开手动挡车一样。刚开始的时候，我们要学习如何使用档位，然后学习如何协调地换挡和踩离合器以及加油门，我们还得同时管着方向，最终我们要让上述所有的动作都协调起来同时进行。对于一个会开车的人来说，可能我们根本就忘记了开车时是如何操作这些动作的。但在最初练习时，我们一定会感到很笨拙，很不习惯，不过我们需要记住：熟练的驾车技术都是这些动作反复训练得来的。对于掌握心理辅导技术的道理也是如此。

Chapter
3

小组辅导的理论技巧

本章总结了各种在小组辅导中涉及的辅导策略,如系统化问题解决策略、示范学习、强化与刺激控制以及认知改变训练等等。这些策略的作用在于帮助我们如何达成辅导目标。除总结了一般化、灌注希望等一般小组辅导技巧外,本章还依据小组辅导初期、中期和结束期三个阶段的不同任务,介绍了每个阶段涉及的一些辅导技巧,这些技巧未必在每个阶段都要使用,但了解及运用这些技巧可以让我们在实务操作时更加有的放矢,避免遇到类似问题时不知所措。

第一节 小组辅导的各种技巧

一、小组辅导中使用的各种方法

在小组辅导中,事实上没有任何特定的理论模式,尽管我们在称呼各种团体时会冠以感觉领悟团体、心理剧团体等,但这些名字只是描述团体所关注的主题而不是指称团体所使用的理论。在实际应用中,往往把个体辅导中所使用的指导理论应用到小组辅导中,如理性情绪疗法、行为主义、现实疗法等。

当然,在主持辅导(咨询)或成长团体时运用咨询理论,对小组辅导活动的顺利进行是非常重要的。如果由不曾掌握任何一种理论观点和知识的人来领导小组辅导,那么这一活动就会变得非常肤浅,学生之间不能很好地进行互动和彼此分享,辅导教师也不能应对在团体中出现的深层次问题。因此,作为领导小组辅导的辅导教师应该尽可能多地掌握各种相关理论和技术。基于本书的目的不是在于总结各种理论,为此,我们从实务操作的视角出发,归纳了目前小组辅导中常用的一些技术。有关进一步对理论的详细阅读,建议辅导教师参考其他同类书籍。

(一)系统化问题解决策略

由于这一技术目前已经成为中小学生心理健康教育中的一项重要技术,为此,在这里我们将较为详尽地予以描述。

许多时候,学生感知的压力或者说困惑常常来自于一些无法把握的问题。他们也承认,解决好这些问题就是解决了压力。可每天面对着许多的问题,问题学生总是有点无所适从。其导致的结果是:问题和困惑之间形成一个恶性循环,问题越多,压力越大;压力越大,问题越多!为什么会形成这种不良的循环呢?原因有以下几个:

· 解决问题是需要消耗精力的。感知压力的时候,人的精力本身就会减退。

· 日常生活上的问题会因为压力而被搁置于一个次要的地位。压力令问题学生出现各种各样的问题,会驱使他们选择逃避或者只是想着要放松一下,少一点压力,结果自然会把那些引起压力的问题都忽略了,结果就可能变得更糟。

· 长期的压力会影响人的注意力、记忆力、决策能力及创造力。

· 通常,人们习惯于要么彻底解决问题,要么索性回避问题,但是,对现今生活中的大部分问题来说,这两种最简捷的方法都是无效的。诸如,不少学生都感到现在的教育存在问题,但又不得不面对现今的教育制度。所以说,目前绝大多数学生面对的问题,既无法彻底解决,也无法彻底回避,而这种状况又会加重学生的压力感。

由于上述的因素,在感知压力的时候,学生会觉得问题愈发地多和难以应对。那么,怎么办呢?系统化问题解决策略作为有效的小组辅导技巧,强调的就是有效解决问题的策略。在众多的问题解决策略中,美国心理学家 D'Zurilla 和 Nezu(1999)提供给我们一个可以称得上是当前应用最为广泛、也是最为有效的策略。

D'Zurilla 和 Nezu 把整个问题解决过程分成六个步骤:

第一步:保持有效的想法和态度

通常我们会认为解决问题的第一步应当是针对问题立即采取有效的行动,其实却不然。大量生活经验告诉我们,人的行动总是受到思想和情绪的支配,理解了这一点,就不难理解为何有效解决问题第一步是保持有效的想法和态度。一个抱着悲观态度、不愿积极去思考的人在面对问题时根本谈不上能有什么好的策略,他们往往早早地就向问题投降,把自己放在了失败的阴影中。

那么怎样才是"有效"的想法和态度呢?下面提供了一些面对问题时应有的想法和态度。

1. 不管问题看上去有多么可怕、凄惨,总是有些或者有一部分是能够解决的。也许今天你没法解决全部的问题,但是至少你可以解决一部分。通过部分地解决,你至少就已经是赢得了实践的机会,而这本身就是成功。

2. 问题的存在是我们正常生活的一部分,有问题并不意味着自己一定有什么过失。

3. 面对问题是一种挑战,解决问题的过程也是我们成长和学习的过程。

4. 一定有存在解决问题的方法,但它不一定就是我们脑海中第一个冒出来和最渴望的那个念头。

5. 解决问题是需要花费一定的时间和要有所计划的,不要总是指望有什么捷径可以一下子解决所有问题,正确的态度应当是"停下来,仔细地考虑,做今天能做的事情"。

6. 即使失败也是正常的,因为失败本身就是有效解决问题的一个部分。事实上,我们的成长经常是建立在"尝试——改进"的过程中。在这个过程中,我们常常是想到一个方法,然后去执行,发现不对,再作出调整,最终我们一定能找到正确的方法。

在小组辅导中,辅导教师可以对照上面的六条,帮助学生去识别他们对于问题的态度。如果学生完全支持上面的观点,那么恭喜他们!因为这些学生尽管感受到关于压力的问题依然存在,但是他们已经把握了成功解决问题的方向。当然,如果学生抱有相反的观点,那么也要恭喜他们,此时可以强调,尽管他们备受困扰,但是此刻,他们已经知道第一步该做什么了。

第二步:识别最初不适情绪和澄清问题

在小组活动中,我们让学生描述自己的问题时,同学们常常会首先谈到自己那些不舒服的感受。有一些是我们常常听到的话,比如:

"我感到郁闷,做人真没意思。"

"烦都烦死了,每天不知道在干什么。"

或者我们听到的话会更具体些,大概能感受到对方有什么问题:

"我这两天心烦,睡不好,学习压力太大了。"

"我感到很迷惘,说不清自己以后该怎么办。"

有效解决问题的第二步需要帮助学生把握最初的不适情绪。这主要是因为,我们向别人表达的感受常常是问题给我们带来的结果,而不是问题的原因,例如,"我感到郁闷,这是因为我前天被老师批评了,觉得很气愤,因为我感到委屈,感到不公平……,我觉得学校弄不好了,这样一天一天地下去,做人真没有意思。"不难看出,此时，最初的不适情绪是"气愤"，然后才是"郁闷"。根据最初的不适情绪，我们需要帮助学生意识到，问题可能在于"怎样面对老师的批评"。当然，这个例子十分简单，现实生活中由于诸多因素交织在一起，我们会更难把握自己最初的不适情绪。

但是，只有识别最初的不适情绪，我们才能更好地弄明白究竟是怎么一回事。在这一方面，要让学生清楚地认识到。这就如同医生看病一样，为了弄明白患者究竟患了什么病，医生需要你仔细地描述最初的症状。如果你向医生描述的是一个结果，那么医生就很难根据你的描述作出诊断。

比如，一个指向结果的描述：

"哦，我好像是呼吸系统有了问题，这种状况已经持续了好几个星期了，我感到呼吸很费劲，整个人觉得没有力气……"

一个指向症状的描述：

"我不停地咳嗽，鼻子常常塞住，有时觉得呼吸都困难，人会有发冷的感觉，几天下来肌肉酸痛，现在走路都没劲……"

显然，指向具体症状的描述可以令医生很快地作出诊断——你是患了肺炎或是流感等；而指向结果的描述则会使医生不知所措。同样，为了很好地解决问题，我们也需要准确地把握最初的情绪体验并由此澄清问题，只有这样才能帮助我们弄清到底什么是问题。对于学生来说，帮助他们理解这一点很重要。

有没有什么简单的办法可以帮助学生较快地把握自己的问题呢？问题解决专家 Bedell 和 Lennox(1997)提供了这样一种方法，叫做"线索分析澄清法"。在应用这种方法之前，首先我们要知道不适情绪可以归为三大类，即焦虑、抑郁和愤怒。其次，我们来分析自己此刻的主要不适情绪是什么，同时，可以根据主要的不适情绪来分析出自己的行为现状。一般而言，焦虑常常和一些无法控制的事情关联在一起，你的本能反应可能驱使你要采取"逃避行为"；抑郁常常和一些想实现而又无法实现的事情联系在一起，你的本能反应可能告诉你"没有希望了"，你开始变得不愿活动、缺乏兴趣等；愤怒则和挫折或受到攻击联系在一起。最后，在把握自己的情绪和行为倾向之后，你自然就能够意识到此刻自己面对的问题究竟是什么了。

第三步：把问题定义成一个可实现的目标

D′Zurilla 曾强调：一个好的问题定义就是成功解决问题的一半。由此可见，对问题的描述的重要性不亚于实际的行动。反言之，一个模糊的、情绪性的问题是很难找到解决办法的，比如，"我的问题是不开心"就是一个模糊和情绪性的问题。对于我们每一个人来说，要一下子解决一个复杂问题或者解决所有问题都是不现实的。最好的办法就是，集中精力去解决最容易解决的那一部分，并由此找到一个逐步解决问题的途径。要做到这一点，自然需要我们把问题转换成一个具体的有可操作性的目标。

许多问题解决专家都推荐，一个好的问题定义至少应该符合三个标准：第一，问题是否指向未来？第二，问题是否具体？第三，问题是否可以操作？

比如，一个学生把自己的问题定义为"我和别人的沟通能力实在太差"。对照标准：第一，问题定义只是评价了过去，没有指向未来；第二，问题定义没有明确沟通能力；第三，问题定义没有可操作性。因此，这就不是一个好的问题定义。

一个好的问题定义可以是：我希望改变一下自己和别人的讲话方式。

第四步：头脑风暴产生解决办法

当问题已经被清楚地定义后，接下来的一步自然是考虑可能的解决办法。通常，在压力下人们常常会采用第一个冒出来的念头去解决问题或者是不知所措。此时，"头脑风暴"是一个非常有效的方法。

所谓"头脑风暴"，顾名思义就是解除压力对思维的抑制，尽可能多地列出可能存在的各种解决问题的方法。可以想象，解决问题的办法越多，其中包含可行方法的几率也就越大。进行头脑风暴时，暂时地撇开"评判性思维"是很重要的。当一个想法产生的时候，不要很快就决定这个想法是有用还是无用，即使对于一些看上去不太可能的想法也暂时"接受"它，对于考虑到的方法无论好坏，无论是否可行都予以考虑，只有这样才能充分激发我们的想象力并想出更多的办法。此外，考虑到的方法之间最好能够分出足够多的类别，不要只是拘泥在同一类中去寻找不同的方法。

在小组辅导中，头脑风暴技术本身就是一项非常有用的辅导技术。它是一种自由发表意见的形式,即提供给全体小组成员一个相同的问题或题目,要求通过创造性的自发的言论提出最多的建议,而不是在讨论、判断、评估后提出建议。因此,自由的气氛是必需的。当一个主意被提出后应立即把它们写下来。提出的主意越多越好,而非只要好主意。在提出所有可能的主意之后,仔细地分析这些主意,分清并解释可以付诸实践的是哪些主意。

在小组辅导中,运用头脑风暴技术可以按照以下的流程:

- 辅导教师让小组成员就所产生的问题进行讨论,或者要求成员就会谈中提出的问题讨论解决的方法。

- 可由另一位辅导教师把提出的主意写在黑板上。

- 引导讨论的辅导教师要善于鼓动且要把握好方向,这样可使另一位辅导教师及时做好记录。可用肢体语言(如看着组员、点头等)来帮助进行。

- 如果提出的建议冗长且不明确,应让提出者解释该建议。如果提出者不能给予满意的答复,辅导教师应尝试代为解释并要求提出者认定解释是否正确。在其同意的情况下,方能记录下来。

- 辅导教师在提出建议的过程中不应加以评论。如果小组成员无法提出自己的建议,试着重新提出问题并作出简要的解释以便使成员明确讨论的内容。同样,可给予全体成员一定的思考时间,通常会有人打破沉默发表一些意见。如果还是不起作用的话,可以点名让一些成员先提出一些意见。

- 如果出现奇怪的意见,也应该把它们记录下来而不是先去评论它们。如果团体中有人开始讨论或提出疑义,让他们先提建议再对内容展开讨论。

- 在所有建议都记录下来后,让全体成员看看是否有不清楚的内容。如果有,让刚才提出该建议的人把它解释清楚。同样,辅导教师应分清那些不确切的和错误的意见,但不要指明其提出者。

第五步:选择解决方法

既然通过头脑风暴,不管想到的方法是好是坏我们都暂时予以接纳,那么接下来的一步显然就是评估这些方法的优劣,选择其一并准备行动。要衡量方法是否对自己有用,可以采用下面两个原则:

第一,采用这个方法得到的结果是否是"我"需要的结果?有时,当我们这样去思考的时候,我们甚至会去重新定义问题,这是一种正常的现象。

第二,采用这个方法或者说达到这个目标后,还有什么子目标需要实现?这些子目标的解决办法又是什么?比如,一个同学缓解压力的办法是"换一个学校",这个目标的子目标可能是"明确自己有哪些能去的学校"、"确定自己换学校有哪些途径"、"确定哪些人能够帮自己换学校"等等。

从严格意义讲上,在第四步和第五步之间我们可能需要几个循环,直到我们能够大致明确我们具体应该做些什么为止。下面还有四点注意事项需要学生在行动前予以考虑:

第一,自己在执行选定的方法时有可能存在哪些障碍?这些障碍可以克服吗?

第二,自己选择的解决方法是否与自己的能力相称以及是否充分利用了自己的资源?

第三,如果这个方法不行,有没有可以替代的方法?

第四,如果这个方法不成功,我会从中吸取些什么教训或者说有什么收获?

在系统性问题解决策略的过程中,如果我们帮助学生在面对问题时考虑过上述四条原则,那么就可以鼓励学生采取行动了。

第六步:采取行动

再好的方法,不运用于实践,也是没有意义的。如果我们帮助学生找到了好的方法,但是常常难以启动的话,那么这些方法也是没有意义的。此时,可以利用公开的承诺来强化小组成员的执行力,这也是小组辅导所具有的一种优势。

这里需要指出的是,当这个方法达到了预期目的的时候,不要忘记给接受小组辅导的学生一些简单的奖励。奖励可以是"当众肯定一下",也可以是小小的物质鼓励等。现实中,有时问题学生不能持续改进的原因之一就在于,即使他们已经进步了,可是我们还是对他们不满,那么出现糟糕的结果就可想而知了。不少学生也会因此而破罐子破摔。此外,我们提供一个在小组辅导时可以印发给学生的自我问题解决线索。

自我问题解决管理指南

第一步:找出问题

在解决问题之前,我们必须首先知道问题是什么。这个时候,我们面对的问题是什么呢?其中有些可能是"大"问题(例如:我下周必须完成这项拖了很久的学习任务);有些可能是"小"问题(例如:如果我想打篮球的话,我必须在放学之后完成功课);有些则可能是介乎两者之间的问题(例如:我有一大堆事情都没有处理,一个多月了,要干的活就会越堆越多)。

把我们的问题列在下页的横线上。以下提供列举问题的一些提示:

◎不要在一个问题上耗费过多的时间。把一个问题列出后,便可立刻再列出下一个。
◎只需扼要地把问题逐条列出,不需要详细描述问题。
◎不要担心问题是否能够得到解决。
◎记住:不需要想出解决的方法,只需要想出存在的问题。
◎不必一次列出所有的问题。

问题清单

1. _____
2. _____
3. _____
4. _____
5. _____
6. _____
7. _____
8. _____
9. _____
10. _____
11. _____
12. _____

(不够可另添白纸。)

第二步:选择一个问题

从上面的清单中,选择一个问题,这个问题应该是你很想解决,而且是有足够的信心去解决的。对于那些比较棘手的问题,你可以放在稍后来解决。你想首先应付哪个问题呢?

_____

_____

回答以下有关的问题:

以前,你是否有过解决类似问题的经验?若有的话,你是如何解决那个问题的?你发挥了自己的哪些优势来解决它的?

_____

_____

当你设法解决这个问题的时候,有没有人可以给你提供帮助?需要注意的是,这些人不应是那些代你解决问题的人,而是可以帮助你自己去解决问题的人。如果有,这些人是谁呢?

_____

_____

之后,想想你可以采取什么行动来帮助自己。可尝试用"头脑风暴"的方法:尽量写下你可能想出的所有行动。可使用下页的空间。不要担心这些行动能否把问题完全解决。不要修改你的主意!你的目标是要尽量想出所有的行动,而不是要评估它们的好坏。若需要的话,可加添白纸。

_____

_____

第三步:选择其中一个行动

选择上面最好(或最不错)的一个行动,但没有固定的规则限制你应该如何选择;唯一的规则就是:你必须选择一个你可以立即实施的行动。你应该考虑一下上述每个可能的选择,想想每个选择的优点和缺点,然后选择其中一个。你所选择的行动至少应该帮助你找出部分解决问题的方法。让自己在限定的时间内做出决定,使自己不会把这个过程拖得过长。记住:当你运用某个方法后,如果发觉这个方法是行不通的,你可以尝试另一个方法。

你选择哪个行动?

_____

第四步：订出行动计划

很少有问题只需采取一个行动便可得到解决。很多行动可能只会帮助你找到部分解决问题的方法。例如：如果你有一个与制订计划有关的问题，你第一个要做的事就是收集尽可能多的信息资料，让你可以进行选择。单单收集这些资料不会解决问题，但会使你较为接近解决的方法。最重要的就是，你已开始去寻找解决的方法。

当然，你的行动计划还应符合下面四个原则，即必须是：

☆可付诸行动的：即使下星期不比上星期感觉好一点（或即使比上星期感觉更差一点），计划中的行动都应该是你可以做到的。达到一个较小的目标好过不能达到一个过于远大的目标。不好的例子是：第一次去跑步就要做马拉松式的长跑。较好的例子是：步行500米。

☆以行动为本：订计划的时候要想着会做什么，而不是要想着做这件事时会有什么样的想法或感受。要对自己的行动有一定的控制，但对自己的情绪和想法则很难控制。不好的例子是：与同学一起愉快地玩一个小时。较好的例子是：和我的同学在一起待一个小时。

☆具体的：应该清楚地指定需要做的事情。不好的例子是：锻炼身体；较好的例子是：打电话给朋友，看看有没有什么补习班可以参加。

☆有时间要求的：你的计划应只需要一段时间就可以完成。不要计划给你的生活方式来个永久性的改造。不好的例子是：把我今后的学习计划一次就明确下来；较好的例子是：花30分钟考虑一下，我对自己发展的几种设想。

你的计划是什么？

_____

_____

下个星期实行这个计划。

第五步：评估及继续

（一个星期后或在你达到你的目标后再看这段。）

有什么结果？哪方面做得较为顺利？哪方面做得不太顺利？

_____

_____

压力可能会令你只想着失败及那些你没有做的事情，而不去为自己的进展肯定自己。如果你成功地实现自己的目标,就要记着去肯定自己已取得的进步。(即使问题仍然没有得到解决,也不意味着你没有进步。)

利用这次的经验来帮助计划下一步。有三个选择:

☆继续做下去。例如:另外花30分钟的时间思考发展设想。

☆修改目标,再次尝试。例如:一周的时间天天学习太有难度了,那么不妨改成一周学习四天。

☆提出另一个做法。或许你可以吸收第一次尝试学到的经验去尝试另一个处理问题的方法。例如:与父母面对面交谈根本无法讲清楚自己的想法,那么不妨尝试着把想说的话写给他们看。

基于你的经验,下一步是什么?

_____

_____

继续遵循上述的步骤来处理你的问题。把你的努力结果记录下来,不断提醒自己所获得的进展。

(二)示范学习

这个训练的目的是为了促使小组成员学会正向地进行互动(如社交技巧和社交能力),其中包括以下内容:示范、行为预演、引导和团体反馈。

示范指的是通过观察示范者进行学习,示范者的身份可以是成年人、同学或者玩伴。示范往往会使小组成员明白他所碰到的问题是可以处理的。在小组辅导中,辅导教师常常是重要的示范对象。

辅导教师在小组辅导中运用示范来帮助小组成员学习某项技能时,需要注意以下几个方面:

- 解释该技能的目的和小组成员应注意到的细节;
- 简明扼要地指导,使用小组成员能够理解的语句简单示范;
- 在示范时,让小组成员操作该技能;
- 检查是否每个成员都能正确操作,如果演习效果好的话,小组成员在不看指导的情况下也能正确操作;

·概括、复习、示范练习的关键点,可在归纳小结后进行;

·如果有人在练习中遇到困难,可在休息时或辅导课时帮助他,避免影响原定的辅导活动的安排。

行为预演是一种模拟技术,小组成员在给定的问题情景中练习用更新的、更有效的方式来处理问题。引导指的是在小组成员示范学习或反复练习一连串行为时,用以提醒他们的指示或口语线索。团体反馈是从他人那里得到口头上的评价,例如是怎样有效地做出示范行为。

完成示范学习之后,小组成员应当完成家庭作业,以便能在真实世界中练习这些社交或其他应对技巧。示范学习本身就是很适合运用在小组辅导中,因为它需要利用大量身边的人作为示范者以及作为反馈信息来源。

(三)强化与刺激控制

改变某个行为结果的方法之一,是在该行为出现后紧跟着出现一个正强化物。某个事物是否算得上是正强化物,取决于它对行为的效果。如果行为发生后紧随某一事物,该行为的发生次数增加,那么这个事物就是正强化物。

正强化物在某个情境中可以有效地改变某种行为。在小组辅导中,小组成员表现出有利于社会的行为和完成团体外的作业后,会得到各式各样的奖赏,这就是这些积极行为的正强化物。正强化物可以是赞美、代币、积分、货品、小东西、游戏等,不管是大是小,是否摸得到,有没有价值,重点在于要符合接受者的年龄和发展特点。

总之,怎么给予正强化物需要依据系统计划,这个计划就是强化频率计划表。当出现不希望出现的行为时,就不给予正强化物(如对小组成员的行为加以关注或奖给代币等,虽然在团体中其他成员的关注很难控制),这种做法称为退化,在小组辅导中经常使用。消极行为偶尔出现时,就去掉正强化物,这种情况下正强化物通常是代币,而这一做法被称为反应代价。偶尔也会用到厌恶刺激,其作用和惩罚相似。反应代价和惩罚的目的都是为了减少之前行为的发生次数。正强化是主要的方法。

改变先前制约的做法,包括改变行为发生前或发生时的环境,以设置培养良好行为的制约条件,这通常被称作刺激控制。

(四)认知改变训练

训练小组成员以更有效的方式来思考、评估自己或选择问题情境的策略都属于认知改变训练。当然,这也包括改变价值观或信念。在小组辅导中,认知训练常和其他训练合并使用,如示范学习或使用强化手段。最常使用的认知训练包括认知重组、自我指导训练和自我增强。

认知重组指的是用一连串的步骤帮助小组成员,鼓励或赞许合乎逻辑的想法,以取代妨碍社交表现的思考模式,如自我挫败、不合逻辑或自动化思考。认知重组的基本假设是在给定环境中,一个人的想法多少会影响其外在的行为表现。这些想法包括一个人如何看待自己和自己的行为,一个人在既定情况下会怎么想或在内心是怎么反应的。训练中,小组成员需要学会澄清自己在压力或引发愤怒的情境中应该怎么想,然后互相帮助改变那些自我挫败的、不合逻辑的、妨碍自我肯定或应对的想法。

自我指导训练指的是指导小组成员发现在面对问题或压力情境时,会出现哪些自我挫败的对话,然后把这些对话换成新的、更能发挥能力的自我对话。整个过程需要根据问题情境,一步一步地把想法讲出来。在碰到引发愤怒或压力的情境时,除了想出一些应对的想法之外,小组成员还需要叮嘱自己要保持冷静,一次做一个步骤,提醒自己的成功经历,如果成功完成便要强化这种做法。最终目的是什么则视情况和已经完成的程度(预防阶段、事发前、发生中或事情发生后)而定。

(五)放松训练

放松训练是用来指导小组成员在不知道如何应对的情况下也能够处理压力、痛苦或外在环境事件的一种方法。其中包括"腹式呼吸法"、"紧张与放松交替训练"以及"引导性想象",还有其他一些适用于小组成员的方式。有许多研究认为,放松训练能帮助学生减少紧张和压力。然而也有人发现,对有些人来说,放松可能会增加焦虑。在小组辅导中,一般很少会单独使用放松训练。放松训练通常是和其他策略一起使用的,比如是压力管理或愤怒控制训练中的方法之一。

(六)社交娱乐活动

这个方法包括利用游戏、艺术品、工艺品、讲故事、演戏来促使团体目标的达成,并且加强团体凝聚力。Whittaker 表示,"尽管运用团体帮助有问题的学生已经是很普遍了,但是许多临床工作者还是低估了活动的能力。事实上,活动是团体中的学生成长和改变的媒介"。Ross 和 Bernstein 认为,"游戏和活动可以为学生提供一个模拟情境发展出新的方法来解决问题"。

在社交娱乐活动中,学生可以自然而然地练习具体技巧,同时又得到强化。活动是团体参与的基础,并且可以增加团体的吸引力。此外,活动提供一种更真实、更有娱乐效果的情境,学生可以从中练习社交技巧。通常,选择可以互动的社交娱乐活动,以便改变辅导过程。在小组辅导中,这也是常用的程序。

(七)社交网络的增加

社会支持可以帮助学生应对问题,可以降低压力的影响。有些社会支持是主动的,有些人愿意主动对他人提供帮助;有些则不是刻意的,通过相互之间的关系表现出支持。这些方法可以帮助学生了解并扩展自己的社交网络,得到更多的来自团体外的社会支持。通过团体内的各种建议和不同示范,学生可以知道如何建立比较具有支持性的社交网络。而团体本身就是一个社会支持的来源。

Viter 认为团体外的介入策略和团体内的介入策略具有同等的重要性。辅导教师需要和学生的家庭、学校行政单位以及可能会影响团体效果的其他社会单位合作。这些策略包括重新评估政策和规定,或是与这些社会单位的代表进行一些简单的沟通,使他们对个体的变化有所准备,并能提供一些强化。如果事先没有对此给出说明,即使在团体中能够达到团体目标,在团体外往往也不能继续维持团体结果。

(八)小团体技术

以下将详细说明小组讨论、角色扮演、搭档、团体反馈、分组、领导权分派和团体活动等技术。小团体技术指的是运用一个或多个上述技术的过程,促进团体目标的达成或解决团体互动的问题。小团体技术也包括将责任分散给团体内的成员。完全以结构化的取向来领导团体是很难把责任分散给成员的,小组成员对小组辅导承担越多的责任,就越会有归属感。可能在一开始确实需要由辅导教师控制,但是逐渐地就可以把部分控制权分散给小组成员。小组刚进入团体时,都带着有用的经验,而这些经验可能来自日常生活,也可能来自个人和团体。如果辅导教师在评估时,从团体早期或团体前的面谈中了解这些经验,便能有效地在小组辅导中运用这些经验。

上述经验大部分都包含两部分:启发想法和运用技巧。一般假设只有小组辅导的辅导教师知道这些信息,由他提供给小组成员,这也表示辅导教师是那些平常不易得到的信息的唯一提供者。例如,在控制体重的健康促进项目团体中,许多小组成员对于各种饮食失调的理论、节食、运动和其他问题都相当精通。在这样的团体里,辅导教师如果重视事先接触的成员所关心的知识,那么在团体初期他就应该准备好有关资料。尽管小组辅导一般由成员自己做决定,但是辅导教师还是可以和成员们一起谈论改善小组团体结构的限制,并提高成员自己做决定的程度。

1. 小组讨论

小组讨论可以用于小组成员与小组成员以及小组成员与辅导教师之间的口头互动。讨论要求所有成员都要参与。基本做法是:提出一个具体的问题,然后仔细思考解决方法,并且分享解决方法以及评估哪一种方法有用,确定一致的方法,讨论价值观,建立友情。小组讨论隐含的假设是——尽可能包含所有的小组成员,这是建立高度团结和有效团体的基本条件。小组讨论在早期几次,可以运用团体活动和"写下来"的技术进行,亦即只要提出问题或寻找解决办法时,辅导教师都会要求小组成员写下他们的答案,然后要求成员回答他们各自所写的东西。这个技术可以防止部分成员主导团体互动。

(1)小组讨论的好处主要有:

· 每个小组成员都可参与;

· 个人实际经验和切身体会的交流丰富了书本和课堂教学内容;

· 辅导教师和小组成员共同参与;

· 辅导教师和小组成员可重复某个内容;

· 主动学习;

· 促进问题的解决;

· 彼此尊重,对持异议者也是如此。

(2)小组讨论时需要注意:

- 有人会滔滔不绝,从而影响他人发言,辅导教师要细心帮助并鼓励每个人参与;
- 花时间且易扯开话题;
- 辅导教师可能会较难发现小组成员学了什么或者学了多少。

(3)为了更好地发挥小组讨论的效果,辅导教师应当:
- 创造热情的、轻松的、利于讨论的氛围;
- 尊重每个讨论者及其言论;
- 接受他人的正确观点;
- 鼓励讨论者像他所说的那样做;
- 召集小组成员并分派任务;
- 倾听、强调,并使小组成员的讲述明了;
- 整理概括小组成员所述;
- 要求提出合理的主张;
- 保持讨论的继续进行;
- 回顾和总结,突出重点。

(4)辅导教师应避免的问题有:
- 忽视讨论者的反应;
- 漠不关心;
- 公开或私自操作,包括和别的讨论者一同进行该种行为;
- 提供太多或者不足的大纲;
- 对讨论者及其反应作出评价或挑衅;
- 传教、说教、高谈阔论、痛斥某一观点或不必要地重复观点;
- 扯开话题或离题讨论。

(5)讨论中可能产生的问题包括:
- 辅导教师陈述过多;
- 非全体参与讨论;
- 有的成员因害怕而不愿参加讨论;
- 有人独占话题阻止别人发言或和他人争论;

- 偏题；
- 有人采取敌视态度；
- 辅导教师起了消极作用。

2. 角色扮演

简单来说，角色扮演可以定义为在模拟情况下扮演某个角色。辅导教师是导演，负责组织整个角色扮演，控制过程并得到结果。如果辅导教师明确了角色扮演的目的并正确地加以使用，这个技术将会十分有用并能促进改变。在示范学习中，角色扮演可以用来示范特定技巧以及练习技巧。角色扮演也可用在评估、教导特定团体技巧、角色转换以及类化的训练上。总之，不管如何使用，都是在运用角色扮演的优点，即在团体中每个人都可以站在自己所模仿角色的立场上，当一回观察者和反馈者。

在进行角色扮演时，辅导教师要能分清角色（按故事中的角色编排）。如果有人觉得扮演其角色有困难，可以让其他人帮助他，但要避免让参加者演他们不愿演的角色。

角色扮演的好处是显而易见的。首先，它给小组成员练习一项技能提供机会并使其明白在实际生活中的情况；其次，它有助于帮助小组成员建立自尊和自信；再次，这种技术本身就具有鼓舞作用。需要注意的是，有时参加者会紧张不安，因此，如果他们真的不想参加扮演，他们会感到不自在或有被迫感。为了使之有效，辅导教师应指导并组织好每个角色。

3. 分组

分组指为了完成某件工作，分成两人一组或三人一组或分成其他人数的小组，借此增加学生之间的互动，给予他们在没有辅导教师监控下合作的机会。这样也可创造一个机会让学生练习辅导教师的技巧。随着小组辅导的进展，可运用不同的人数和分组。

4. 搭档

这是一种特别的分组技巧，让学生在团体外还可以一起合作。除了上述的好处之外，它使在团体内所学到的东西能够类推到团体外的情境中。虽然接下来的小组辅导还会讨论这次互动的结果,但搭档让学生有机会可以独立运作。为了避免出现成群结党,演变成负面并具有排外性的次级团体,配对的学生要经常变换。

5. 团体活动

团体活动是结构式的互动活动,用于训练小组成员学习完成辅导目标的相关技巧。比如,在前期的互相介绍中成员必须至少和两个其他成员聊天,然后在团体中介绍这几个成员同其他人认识。再举一个例子,活动中成员先读一篇故事,再讨论自己跟故事中的主角有什么区别。此外,还有训练小组成员如何赞美或批评别人,审视自己的社会支持,计划将所学方法应用到现实生活中等。通常在每次会谈中,至少要进行一种活动。这类活动的好处是,尽管小组成员是在辅导教师的控制之下,但是成员可以在小团体中进行这些活动,而且因为指令很清楚地写在手册里,所以辅导效果一般不会和辅导教师的期待不一致。

6. 建立关系的技巧

不管是在一对一的关系还是在小团体的情况下,在助人关系中有一些技巧被认为是具有关键性作用的。当辅导教师帮助小组成员时,即使他具备高超的技巧,如果没有办法掌握或运用建立关系的技巧,后果便是成员的高流失率、缺乏兴趣以及层出不穷的问题。简单来说,假设所有其他团体方式都无效时,建立关系的技巧是唯一的方法。

之前所述的团体方法中包含很多建立关系的技巧。比如,辅导教师要能够常常用愉快的方式强化成员,和成员之间建立良好的关系。类似地,辅导教师如果能示范自我坦诚和其他希望成员能够做到的技巧,便会发现一些问题如强烈的冲突、低凝聚力、低满意度、小圈子情形等会很少发生。辅导教师如果能组织有趣的社交娱乐活动,也能改善辅导教师和成员之间的关系以及成员和成员之间的关系。

有些技巧是专门用于建立关系的,譬如幽默的使用。和成员一起工作就必须能够发现与一群成员互动的乐趣,和他们一起开玩笑,自己被嘲笑也无所谓。同时,也必须能够分清什么是偶尔的嘲笑和戏弄以及知道失去控制和超出预定目标的玩笑之间的差别。一位有效的辅导教师必须能够在必要时确定明确的限制。

让成员投入自己的小组辅导中,是达到改变的基本技巧。协助成员投入的过程也就是一个必要的建立关系的技巧。

倾听是一种非常重要的建立关系的技巧。如果没有仔细倾听成员的诉说，往往会导致错定目标的后果。有效的倾听不一定要听出对方的言下之意，而是要能够抓到其明确的意义所在，而这确实是比较困难的。辅导教师常常很急迫地想要按原计划进行，结果是，当成员还在讲话时，他不是打断其讲话就是在想下一步要做什么，而没有认真倾听。辅导教师如果能做到有效地倾听，也就是对成员的示范，一旦成员能够掌握，就能够提升成员之间关系的整体品质。

专注的技巧指的是一些非口语技巧，包括表达接纳、温暖和信任的眼神接触，以及身体姿势和音调。虽然这些技巧并没有什么具体的特点，即意味着很难明确定义，但是只要观察辅导教师的动作，还是很容易就能看出他到底有没有施展这些技巧。

成员往往会因小组辅导之前的突发事件而将情绪反应带入辅导中，如果不处理这些突发事件，无疑会造成被动或混乱的局面，导致无法达到原先计划好的目标。

针对那些会对小组辅导产生干扰或没有作用的行为设置限制是另一种建立关系的技巧。如果期待的辅导目标在适当环境下不能完成，在小组辅导的发展过程中便需要经常思考设置限制的问题。这是建立关系技巧中最常用到也是最难的技巧之一。什么时候设置限制，什么时候忽略成员的行为，并没有明确的规定。处于机构中的小组辅导，经常会让成员自己设定限制，这种方式相当有用，但是辅导教师还是需要谨慎，以防止该小组团体变成专制或纵容的团体。多运用强化和鼓励成员规划可行的方案等技巧，可以预防辅导教师过多使用设置限制。

如何运用这些所谓的"非特定"团体技巧，目前为止还没有一套完整的操作方法。

二、小组辅导中使用的其他技巧

当辅导教师在小组辅导中对成员产生同感、尊重和真挚的态度和行为时，一个安全而温暖的环境就形成了。但是，在小组辅导的过程中，假如成员要得到帮助，那么除了上述的基本条件之外，还有其他因素：

（一）一般化

所谓一般化，主要指一种"大家同坐一条船"的感觉，除此之外，还包括：不仅仅是"我"经历这种磨难,原来别人也有类似的歪念或邪恶的思想;"我"是人类的一分子,虽然"我"表面看来很自信,内心其实很自卑,而小组辅导中也有人像"我"一样表里不一致的;"我"的父母带给"我"许多羞耻,别人的父母更不像话,"我们"都很憎恨他们;其他人也有类似的软弱和焦虑;有人像"我"一样,都因与家人话不投机而感到很痛苦;原来"我"并不特别,"我"和其他人有许多相同的地方等等。通过以上种种感受,成员就会发现其实个人问题并不是世界上唯一存在的或独特的。

在很多小组辅导中,成员往往有一个共同的毛病——他们通常倾向于孤立自己,以及在思想上钻牛角尖。有些成员既认为自己无法被他人接纳,又害怕内心产生的一些冲动、企图、幻想,或者一些违反个人道德和社会风尚的意念。于是,他们有了许多自责,并在自羞自惭中折磨自己,结果严重影响了个人的情绪和生活。他们一方面将自己的问题收藏在心底,同时又相信自己的问题和经历很独特,是无法解决的。此外,他们也因此而怨天尤人,觉得上天很不公平,内心充满着"何必偏偏选中我"的怨愤和悲伤。对于这些人,一旦他们有机会在小组辅导中听到别人分享的问题和困扰与自己相似,往往就可以矫正个人错误的看法和假设,他们会感到压力骤然减轻,并会因此感到松了一口气。

当成员发现他人的问题和自己有共同点时,会帮助他们勇敢地面对问题,并且在小组辅导的关爱气氛中学习如何做出处理。布洛查和盖兹达认为,成员在处理自己成长中的种种问题时,最害怕的就是孤立感和孤单感。在充满新任务、新挑战的成长期,成员的孤单感尤其严重。成员处于许多矛盾冲突和自我怀疑的挣扎中,他们以为自己的问题很特别而感到孤单和彷徨。小组辅导能够在很大程度上帮助他们缓解这种孤独和挣扎,同时在这个过程中获得认同感。在小组辅导中,成员会有很多机会从其他成员身上发现与自己类似的经历和挣扎。例如有很多在家庭中经历类似父母吵架离婚创伤的成员,这些人往往因父母的不负责任和以自我为中心而吃尽苦头,内心对父母产生种种怨恨和憎恶。但在"孝"的道义下,他们又会因为觉得自己对父母不敬而自责和内疚。在这种矛盾和冲突中,的确会苦不堪言。在以往小组辅导中,当一位成员实在忍受不了而将自己对父母的怨怒表达出来时,就会立刻得到其他成员的认同。他们因此会感到自己的内疚感忽然消失,同时还发觉在人生战场上有了并肩作战的伙伴。在这个基础上,成员的自我保护意识就会降低,而且会彼此认同、关注,也有助于小组辅导凝聚力的增强。事实上,在辅导过程中,成员常常会发现其实自己跟其他人一样,有着人类共通的困难和问题,这样一来孤单感减少了,而具有辅导功能的同伴感则增加了。这时,倘若在其他成员对其接纳和支持的同时,辅导教师能给予适当的协助,那么就会产生更好的宣泄效果。

总之,前述领悟对一个成员看清自己的问题和承认问题的存在,最后在一个关心和爱护的关系中作出适当的处理,都是极有帮助的。当成员发觉自己的问题与其他人有共通性的时候,他们的孤单感或孤立感就会相应地减少,也会发现其实自己和别人并不像想象中那么相差甚远。他们也能更加容易放松自己,降低自我保护意识。

(二)"灌注"希望

所谓希望,不但要使成员愿意继续留在小组辅导中接受辅导,对自己的改变有信心,更重要的是,"希望"本身在整个辅导过程中具有辅导功能。在小组辅导过程中,灌注和维持希望能够鼓励小组成员更有勇气、对社交产生更大的兴趣。当小组成员对自己产生的改变抱有希望时,会比较容易就能投入到小组辅导过程中。有一些成员,他们有很多问题、困扰,却不愿意加入小组辅导,以及对于那些经常缺席、迟到或退出的成员,该如何对他们重新注入希望?这往往是小组辅导中非常值得重视的。当一位小组成员逐渐看到转机,开始相信事情并非他当初想象中的那么悲惨无望时,他的困难严重性就会降低,而且新的希望会使他产生动力,催迫自己要有所改变。在小组辅导中,通过成员各自之间的自我分享,小组成员往往会听到一些问题是和自己非常相像的。更重要的是,他们纵使很绝望,却有更多机会亲耳聆听到其他人的故事。别人所做的适应和进步情况往往会对他产生极大的鼓励作用,增强自己解决问题的信心。在成员参加小组辅导之前,如果他们对小组辅导有高期望,那么他们在小组辅导后就会有很积极的收获。

丁克迈尔和莫若认为,辅导教师可以通过下列方式向成员灌注希望:

(1)发展积极的期望;

(2)对成员的进步作出关注和肯定;

(3)留意成员的进展;

(4)对愿意留在小组辅导中继续寻求改进的成员给予积极的期望;
(5)对任何积极的行动作出鼓励;
(6)让成员彼此指出对方的进步;
(7)协助成员对本身及其他成员发展强而有力的感情关系;
(8)鼓励成员彼此作出认同学习;
(9)协助成员认识转移作用是有助于磨合和维系小组辅导的因素。

具体来说,灌注希望重点包括以下几项:看见别人和自己的困难相近似,了解别人已将问题解决;当看见其他成员有进步时,得到鼓励;知道小组辅导帮助别人解决了和自己类似的问题,于是从中得到鼓励;当成员看见其他人有进步时,得到启迪。

(三)利他主义

伯格和兰德里斯指出,对那些感到自己毫无价值和被否定的成员来说,当他们一旦有机会体察到自己对别人有帮助时,会特别有助于他们的成长。一般来说,由于小组辅导让他们产生了归属感,在关爱的气氛中,他们不但自发养成了一种责任感,而且这种责任感还推展到对他人和对整个小组辅导中。他们向外发展,去帮助其他成员。这种责任承担和助人行为,往往也会出现在他们日后的生活中。

"助人为快乐之本",实在是一句至理名言。在小组辅导中,由于彼此的温暖和安全气氛,由于有机会看到别人给予的支持和鼓励,也由于自己与他人的接触而获得帮助,小组辅导的成员往往会做出突破性的行动,开始远离个人的困扰,尝试学习付出和延伸自己。当一个人乐意付出,时常帮助别人,甚至可以忘我时,往往会体验到极大的满足和快乐。快乐的人生,其实就是健康和有效能的人生。当一个人孤立自己,退缩在自己狭小的世界中,过着以个人为中心的生活时,往往会过分专注自己的困难和问题。结果是,问题不但得不到解决,反而会膨胀扩张,严重影响日常生活。一旦有机会和别人的生命进行真实而富有意义的接触,就会为成员带来存在的新意义和价值,甚至可以逐渐拥有自我实现者的特质,过一种以助人和以问题为中心的生活,开创出一条成长的新途径,这时辅导功能也会随之出现。

在小组辅导的关系中,成员不但学习接受帮助,同时也学习为他人提供帮助。

在小组辅导的过程中,成员有很多机会彼此帮助、彼此支持、相互建议和提出个人见解,甚至将个人的经验分享给彼此,以便其他人可以作为参考以及得到鼓励。许多时候,成员比辅导教师有更多的机会指出其他人的优点和资源,因此相当有助于小组辅导的发展。

事实上,每个人都想自己是被重视和被需要的,而小组辅导中相互帮助的经历会帮助成员重新界定对自我的看法,因此可以提高自信心。对于一些严重缺乏自信的成员,辅导教师可以细心做些安排。例如,对某些人来说,在小组辅导中用说话来给予别人支持,可能是一件较为困难的事情。考虑到这些问题,辅导教师就可以设计一些具体的活动,如要求成员每次提前检查会面场地中的设备和安排,或请他们参与准备工作等。他们能因此而体验到自己在小组辅导中的重要性,于是,在小组辅导中就可以逐渐主动地去支持和回应其他人的需要。在这一过程中,他们对自己的评价也会逐渐提高。事实上,很多人会因为不能肯定自己的价值而感到惶惑不安、缺乏自信,社会生活也会因此减少,失去许多发展自己的机会。在小组辅导中,辅导教师会提供很多自然的机会让成员彼此帮助。在帮助他人的过程中,就会突然发现自己对别人的重要性,而这实在是一个新鲜又充满满足感的宝贵经验,也是一个学习利他行为的开始。

行为学派的辅导教师强调,小组辅导通过成员和辅导教师所提供的多元模式,强化学习原则。通过小组辅导的经验,成员有机会去观察辅导教师帮助其他人的模式,从而表现出个人学习行为。成员在小组辅导中虽然是以受导者的身份参与活动,但有时却以帮助其他人的人和辅导教师的功能在发挥作用。事实上,成员在小组辅导中的角色可以是时有变化的。通过这些经验,成员在学习如何做一个更好的助人者。不过,通常当成员自己在小组辅导中有进步时,他才能发挥助人的功能。

(四)现实验证

有不少成员由于个人主观或固执,再加上脾气暴躁等种种因素,他们个人本身存在许多盲点。虽然在个体辅导中咨询师可能会指出他的个人问题,但是对于部分人来说还是难以接受的。在小组辅导中,由于反馈是来自小组辅导中不同的人,所以往往就会容易接受或承认自己的一些不足或问题。在一个人的成长历程中,认识自己和愿意承认自己需要改善,是非常重要的。

在此基础上,如果他们愿意的话,可以进一步在小组辅导中用新的态度和行为和其他人相处,而其他人的反馈也会成为改进自己行为的参考。事实上,小组辅导代表了一个直接的社会现实,一方面成员可以自然地交流,另一方面可以彼此坦诚地提供反馈。从不同角度进行的看法和讨论是很宝贵的资源,可以有效地帮助成员看清自己。这一点对成员的改变和成长是非常重要的。

由于小组辅导是现实社会的一个缩影,而且为成员提供了一个安全、温暖的环境,因此当小组辅导发展成熟时,成员会放下自我保护意识,很自然地真诚相处,同时关于自己的个人问题也会越来越多地呈现。于是,成员在小组辅导中基于彼此的信任而可以坦诚地表现出真实的自我,有如日常交往般地和其他成员沟通。假如他们与父母、兄弟姐妹或朋友之间的相处存在适应不良的情况,例如被动、退缩、冷漠、无情、好批评论断、主观、蛮横无理和霸道等,也都会在小组辅导中逐渐地表现出来。

在一个小组辅导中,有一位女成员认识到当自己碰到难题和压力时,只会流泪哭泣和等别人来帮助。当她明白那是一种操纵他人的方法时,她下决心改变。还记得起初她从别人的反馈中知道自己的行径很令人反感和厌烦时,十分难过和羞惭,但经过四五次会谈交流之后,她不断地努力练习新行为,测试自己的进度,结果在小组辅导的最后会谈中,小组内的其他成员都肯定了她的进步。这是非常令人兴奋的,因为在尝试改善自己的过程中,她清楚了自己的感受,以及别人是如何看待自己的。事实上,当成员有机会看清楚自己之后,多数都会借助小组辅导来进行有意义的学习。如经常表现得很冷静的人可能在小组辅导中会学习表达自己的喜怒哀乐;从来不敢提出个人意见的人可能在小组辅导中会学习表达自己独特的看法;很主观的人可能在小组辅导中会学习聆听和容纳别人的意见。

在个体辅导中,咨询师只能从当事人口中得知他处理人际关系的方法,而在小组辅导中则有直接的观察,这是小组辅导的优势之一。因为对辅导教师来说,可以在成员互相交流的过程中观察成员的知觉、行为和感受,从而可以相当全面地明白成员的问题和需要。于是,他可以直接协助成员作出相应的处理。

汉森等人指出,在小组辅导中,小组成员不但有机会谈到他个人的问题,同时还可以身体力行,以具体行动来实际验证,明白在现实生活中能被接纳的各种行为。然后通过体验和练习,小组成员就可以建立信心。最重要的是,还能够将小组辅导中学习到的新行为延伸到小组辅导之外。总的来说,小组辅导本身为小组成员提供了一个直接的实践机会,让他们改变自己的知觉,并且练习成熟的群体生活。而且由于小组辅导中有来自多方面的刺激,可以协助小组成员处理个人的困难和问题。而这样的环境是非常接近现实生活的,因此对成员来说,是非常有用的。

(五)情绪宣泄

在都市化的生活中,现代人的人际关系很疏离,不仅成年人这样,就连来自中小学的成员也是如此。由于成员缺乏可以信任的人,所以在生活中遭遇打击和不如意的事时,唯有独自承担。许多复杂痛苦的情绪就会郁结在心中,不但影响了心理健康,甚至还会导致许多心理疾病。而在小组辅导中,小组成员彼此之间可以感受到关心和真诚,同时信任也会逐渐加强,而内心潜藏着的痛苦事件也会随之慢慢地揭露。

当一个人将内心隐抑的情绪发泄出来时,就称之为情绪宣泄,不但许多理论家视情绪宣泄为建立小组辅导凝聚力的基本要素,许多小组辅导的辅导教师也视之为小组辅导的首要目标。那么,为什么压抑痛苦呢?除了客观因素之外,许多时候还会牵涉小组成员的一些主观感受,是他们不敢或不愿意表达。然而成员一旦将事情揭露,在情绪宣泄之后,并得到来自小组辅导中其他同伴的支持时,其效果要比只在个体辅导中所给予的支持好得多。虽然不应该也没有必要将其定位为首要目标,但是需要注意的是,当小组辅导开创和维持一个彼此接纳、尊重、体谅和共情的气氛时,小组成员就会很自然地愿意和小组辅导内的其他成员分享自己的心事,而其中涉及一些压抑在心灵深处的体验,一旦触及,就会出现强烈的感受,这时候如果回应得当,就能帮助他对有关经历做彻底的处理。对不少人来说,一次彻底的情绪宣泄,很可能使他释放自己,不再深陷在无意义的过往痛苦经历中。

不过,辅导教师需要注意,情绪宣泄只是小组成员发生改变的开始。也就是说,如果只是帮助成员发泄情绪,但是没有进一步深入,那么辅导功能就很有限。情绪宣泄和辅导成功与否是没有关系的。而且,那些只是想情绪发泄的成员的小组辅导经验也极有可能是负面的。而在小组辅导中表现较好的学习者,除了选择情绪宣泄之外,还会在小组辅导中学习其他认知。因此,耶洛姆强调,情绪宣泄在小组辅导的过程中是必需的,但其本身并不足以产生治愈的功效。基于上述原因,辅导教师应该在小组成员情绪发泄之后,设法协助他实现认知上的改变,期望能获得统合的经验和有效的学习。

但是有时也会碰到一些小组成员,可能情绪困扰很严重,因此一旦在小组辅导中经历难得的温暖和亲切时,就会马上表达出强烈的情绪反应。在这种情况下,辅导教师要十分小心地对小组辅导进行评估,看看小组辅导究竟发展到了哪一阶段,因为万一小组辅导中其他人还没有心理准备陪伴该成员面对痛苦时,后果可能就会是负面的。在小组辅导中要特别留意小组成员对其他人发泄内心痛苦时的态度和反应。如果小组成员在情绪宣泄的过程中和事后得到其他成员的接纳、尊重和温暖的表示,那么情绪宣泄是非常成功的,否则,很可能就会产生难以预估的伤害。

很多人认为情绪宣泄是负面情绪的发泄,但事实上也包括正面情绪的发泄。例如在小组辅导中,小组成员对辅导教师和其他成员表达欣赏和敬佩等积极感受也是一种宣泄。所以,无论是正面还是负面,当小组成员能在小组辅导中公开地表达情绪和感受时,这就意味着小组辅导开始奏效了。

(六)模仿行为

根据班杜拉的研究结果,当一个人的个人声誉和地位较高时,会被其他声誉和地位较低的人作为榜样来模仿。同时,也有很多人会模仿与自己的年龄、性别、种族和态度相似的人。此外,倘若一个人认为自己和榜样的特征相差太大,那么他就会认为该榜样不切实际,模仿行为也会降低。角色榜样是辅导教师可以在小组辅导中运用的最有效的辅导工具。和个体辅导相比,小组辅导可以为成员提供一个多元的社会和角色榜样,这样成员就可以通过小组辅导的经验来进行模仿学习。在个体辅导中,成员可以模仿的只有咨询师一个人,因此有相当多的限制。但在小组辅导中,除了辅导教师之外,还有其他小组成员可供选择和参考。不同的人,可以基于个人的需要和特征选择不同的人作为模仿对象。而且,辅导教师在小组辅导中是小组成员主要的模仿对象,若要求所带领的小组辅导能够产生帮助成员改变和成长的成效,那么辅导教师本身的素质就成了很关键的因素。

如果要在小组辅导中发挥模仿行为这一极为有效的辅导手段的功能,辅导教师在运用示范时一个重要的原则就是,要重点选择一些小组成员比较容易认同和一些已经证实可以产生良好行为结果的榜样。这些榜样可以为小组成员提供良好行为的例子,或者又可以为小组成员的当前问题提供不同的解决方法。很多小组成员在人际关系中之所以会出现许多困难,是因为不懂得有效地处理冲突和矛盾,导致常常会与他人争吵,破坏关系。在小组辅导中,冲突和矛盾是经常出现的。当小组成员看见其他人有效地处理了矛盾和冲突,并且彼此关系不但无损,甚至会因这次的接触而加深时,对他们来说,这一观察意义重大,既改变了他们的观念,也使他们有依据地进行模仿。例如,当一位成员通过有效的途径作出深入的自我探讨,明白了自己自卑自怜的根由,于是进一步努力在小组辅导中对一些观念、经历、价值、态度和行为相应地作出改变,那么对其他成员来说,他就是一个值得效仿的对象,而他一连串的行动也会成为个人迈向改变和成长的依据。

有效的小组辅导通常包括示范和模仿两个部分。示范是一个帮助小组成员改变和成长的方式。在社会性榜样的最基本假设中,凡是通过直接经验产生的学习,也可以通过感应式强化或模仿学习而产生。不过,值得注意的是,辅导教师若能在过程中理性地解释这些现象,那么就会提高模仿学习的效能。因此,当小组成员了解他们可以模仿的榜样时,他们的模仿行为就会有较好的结果。在实际工作中,采用理性情绪辅导方法的辅导教师在领导小组辅导时,通常会在适当的时间注入一些理性的成分,以增强小组成员的学习效能。在小组辅导中,辅导教师应该善用模仿这一项辅导性动力。在小组辅导过程中,辅导教师不但是一个技术专家,同时也是一个厘定典范的参与者。也就是说,辅导教师必须言行一致,以身作则。尤其在小组辅导初期,更要重点留意,否则很可能成为小组辅导的致命伤。

辅导教师必须在心理和行动上都表现出乐意参加小组辅导,通过自我分享来作为小组成员在同感、尊重、温暖、关注和真诚等环境中的示范。有些辅导教师由于个人原因的限制,不能真诚地投入小组辅导,或太在意自己的辅导教师的角色,又或对辅导教师的身份和行为有错误的观念，以至于在小组辅导中，他们只是在扮演辅导教师，在进行他们所认为的小组辅导的任务，甚至只是在指导、发号施令，却完全没有个人的参与，结果最后小组辅导就会以"失败"告终。而这主要的原因就是，辅导教师在开始时就树立了一个很坏的榜样。非人化和疏离让小组成员在模仿过程中分享和表达时只会停留在表面，而在各自都是有所保留和不真诚的情况下，很难建立信任关系，最终也无法实现真正的辅导作用。在小组辅导中，应该设法善用小组成员来做示范，因为他们彼此之间的年龄和态度都是相似的，比起成年人做示范更具影响力。例如，在一个由少年成员组成的小组辅导中，同辈示范可以有效降低中成员的疏离感。

总之，在各种不同的模仿行为中，若能持之以恒发展成为新的行为模式那是最理想的。就算其中一些模仿行为很短暂或不能持续很长时间，仍然具有独特的价值。

（七）知识传授

整体上而言，知识传授是小组辅导的一部分。小组成员之间的互助活动，具有互助互建的功能，最重要的是，这些行为能表现出个人的关注和对其他人的兴趣，而且有助于增强小组辅导的凝聚力，促进小组辅导的发展。

在小组辅导初期，辅导教师应该向小组成员说明小组辅导的功能、目标、期望和概况，以及辅导教师和小组成员的职责等。这一步骤有助于稳定小组成员的心理，减少他们的不肯定和疑惑，这是非常重要的。因为大部分小组成员都缺乏小组辅导经验，对小组辅导也可能是毫无认识，因此往往会产生许多不肯定和焦虑，继而影响小组辅导的发展。

小组辅导中可能还存在着"问题成员"，而"忠告者"是经常出现的一类。由于"忠告者"往往以长者或权威人士的形象出现，因此他们的忠告和劝诫很容易出现偏差。况且，他们提出忠告的时间往往是很不恰当的，结果就阻碍了小组成员的自我探讨和叙述，具有很大的破坏力。因此，辅导教师不但经常要对小组成员提出的忠告和意见作出审核，而且对于"忠告者"的个人意见和劝诫，更不可掉以轻心，必须及时作出干预，以免阻碍小组辅导的正常进行。

在任何形式的小组辅导中，多少会包含教育这一元素。不过，这个教育过程是内隐的。尽管在某些具有特别功能的小组辅导中,它们在本质上包括正式教诲的因素,但在一般的小组辅导中,辅导教师很少会进行明显的教诲。不过,值得重点关注的是,在小组辅导中,小组成员之间经常会彼此提出直接的忠告和劝诫。假设小组辅导的凝聚力很强,基于彼此之间的关心和爱护,小组成员之间出现这种行为是很自然的,而且事实上这也有助于小组辅导的发展。耶洛姆指出,那些忠告和劝诫的内容对小组成员通常是毫无帮助的。他同时还指出,可以根据这一现象大致地估计出小组辅导的发展程度。如果小组辅导中成员经常用"我认为你应该……","我们应该做的是……",或者"为什么你不……"等语句时,那么该小组辅导的发展可能仍停留在初级阶段。而这有可能是一个发展成熟的小组辅导正在面临困难和阻滞,也可能是发展受阻而出现了回归。

此外,小组成员彼此之间的支持和感性的流露等对成员的自我改善虽然很重要,但同时也需要他们在理性认知基础上利用这些体验,这样才能产生好的成效。换言之,辅导教师若能在小组成员所经历的事中加上适当的教诲和提供相关知识,将有助于小组成员结合自己在小组辅导中的学习,甚至还可以因此而延伸到小组辅导之外,应用到日后的生活中。但这种教诲在时间的选择上和教诲的语气、用词上都需要很小心,尤其在时间上一定要估计正确。如果期望得到良好的效果,那么所进行的教诲一定要配合小组成员的觉识程度,否则就可能会产生负面效果。

(八)基本家庭群体的重点改正

阿德勒学派的理论认为,小组辅导是小组成员看清自己的一面镜子。小组辅导中的交互作用能帮助小组成员明白自己在家庭中所处的位置和行为态度。不过,大部分的理论学派都认为,任何形式的小组辅导经验都在一定程度上为小组成员查看自己在家庭中的地位以及自己与其他家庭成员之间的关系提供了宝贵机会。

很多小组成员的最基本的生活经历,即他们的家庭生活经历往往是很不愉快的。小组成员对他们的家庭生活有很多不满意的地方。而小组辅导中的交互作用,也很容易引发他们对家庭生活的一些早期记忆。当辅导教师和小组成员,或小组成员和其他小组成员对一些问题进行处理时,很可能他是在借此机会处理过去一些未完成的事情,或者借此尝试处理他们在当前状况中与其他家庭成员之间的一些冲突和矛盾。

总之,只有在小组辅导中小组成员才有机会积极地面对他和家中成员之间未曾解决的困扰。小组辅导是一个改正、更新的过程。小组成员可以产生新的看法,从而对自己做出新的界定。

三、整合各种团体技巧

上述的各种策略中没有任何一种能全面应用于各种小组辅导中,适用于各个辅导教师所带领的各式团体。如果小组辅导的对象是成员,那么使用多种团体策略是最有效的方法。小组辅导方案中不仅包括行为与认知策略,也包括社交娱乐活动,这样就可以在愉悦和具有挑战性的气氛中学习。运用团体方式作为达到辅导目标的另一种手段,还具有其他几个好处,如增加参与意愿,更多人参加,团体内有较高的凝聚力,有更多成员可以参与领导。

一般来说,接受小组辅导的成员有时候不只限于学习一个明确的行为或想法,或是处理一种问题情境,冲动的成员通常必须学会系统的问题解决技巧。他们必须学会用新的方式来看待自己。通常,一些简单的操作行为(比如和别人讲话时要注意对方)必须通过强化的方式学习,而其他行为可能得通过刺激控制才可减低其频率(如顺手牵羊)。

第二节　小组辅导的会谈技巧

一、会谈初期技巧

大部分的小组辅导专家都认为,凝聚力是团体互动的基本要素,具有辅导的效果,可以刺激更进一步的自我坦诚。团体凝聚力就好比个体辅导中的咨访关系,因此有必要重视这个因素。此外,辅导教师若未能在团体内建立凝聚力,或是未能妥善运用团体所具有的其他特性,那么另外一些技巧也就无法发挥作用。因此,在小组辅导初期,有必要运用一系列的辅导策略来提高凝聚力。高度的凝聚力可以增强小组成员的改变动机,提升对其他成员和辅导教师的建议的接纳程度,并使小组成员重视小组辅导经验所带来的挑战和快乐。关于一些建立凝聚力的策略,其中最重要的有:发现小组成员之间的相似点,布置有趣并富有挑战性的团体作业,创造所有小组成员一起参与的机会,提供社交娱乐活动,鼓励小组成员彼此聆听,保护小组成员不受到持续的惩罚,加快步调(特别在小组辅导初期),创造并妥善运用机会让小组成员来选择或决定等。现将这些内容分述如下:

(一)发现小组成员之间的相似点

当小组成员注意到其他人跟他有相似的问题或性格时,团体凝聚力就会增加。为了让青少年尽可能觉察到这些相似点,可由辅导教师来说出小组成员之间的共同点。帮助成员保持自己的独特性也是同等重要的。因此,在此必须强调:独特性与共同性两者需加以平衡,虽然成员之间有许多相似之处,但是每个独立的个体都具有其独一无二的特质和想法。

(二)布置有趣并富有挑战性的团体作业

团体作业有两种:团体内作业和团体外作业。团体内作业指的是在会谈中所进行的辅导活动,包括某些辅导技巧或是完成团体外作业所必需的生活技巧的相关训练,通常都是通过团体活动来进行教导。

团体外作业指的是小组成员答应在团体外的现实世界做到的事情或行为,通常都是由每个成员在其他成员和辅导教师的协助下,在团体内为自己所设计出来的,然后在下次会谈中检查其实施结果。偶尔也会由小组成员一起完成一项团体作业。作业越有趣,越具有挑战性,团体凝聚力也就越高。

(三)以社交娱乐活动作为参与的增强物

在大多数小组活动结束前,如果这次的工作都已完成,小组成员就有机会参加十分钟的社交娱乐活动,比如下棋、做小手工艺品、投篮、玩抓鬼游戏和其他的纸笔游戏或小组成员自己在活动之前选定的游戏。比如一个辅导教师会在小组活动一开始时变魔术,但是表演完这个魔术之后,要等到小组成员完成这次会谈的工作辅导,教师才会解释它的诀窍,以此作为增强物。也可以由小组成员来规划并执行一些与团体目的有密切关系的活动方案,让成员准备这些计划,不但可以增加团体的吸引力,同时也可以创造机会让所有成员能够尝试不同的角色,并拓展他们的参与空间。

(四)创造参与的机会

为了让小组成员能普遍参与,所有的小组成员都必须具备讨论的技巧。在小组辅导初期,小组成员就必须能够做到和其他人分享信息、主动参与、自我坦诚、互相提问、用心倾听,给予彼此建设性的反馈意见,接受彼此正面的回应和批评等。教导这些技巧也是小组辅导的一部分,通常是通过活动来予以教授。这些活动设计的目的原本就是为了让小组成员都可以尽量参与。首先,参与这些活动时,必须先做好个人准备,通常要先写下来,不管是在团体内写,还是事先就在团体外完成作业。这些准备好的东西要在两人小组中,或是更多人的小组中进行讨论,这么一来参与的范围就扩大了。然后,各小组还必须向整个团体报告他们的讨论结果。在角色扮演时,辅导教师让每个人都分配到角色,包括观察员,而且这些角色经常轮流转换。在传话时,成员必须告诉同伴他所知道的,这个同伴再告诉大团体。如果有机会的话,还可以要他们告诉团体外的人,通过这些活动,几乎团体内的所有成员都能参与到团体活动中。

若要评估小组成员的参与程度,可在此次团体活动的最后阶段问成员:"今天你有多投入?"答案可以分成:"比别人多很多"、"比别人多一点"、"和别人一样"、"比别人少一点"、"比别人少很多"。此外,辅导教师必须要尽可能地观察小组成员参与的情况。

在此必须强调的是,不一定总是要围成一个圆圈讨论才算是参与。有身体的活动机会也可以增加团体的吸引力。因此,可将身体活动融入角色扮演、娱乐活动之中。要是找不到什么机会来做这些活动,辅导教师也可以随意地挪动小组成员的座位,或是做些放松或伸展的活动,才不会让小组成员厌烦"一直在说话"。

(五)渐进的自我坦诚

除非小组成员愿意坦诚,或弄清楚自己在某些情境下的问题行为,否则任何辅导方法都无法强迫小组成员坦诚。除非他们一开始就将某行为透露给团体知道,否则辅导教师也没有办法决定是否要处理它。任何时候的自我坦诚都应该在小组团体内大部分成员有同样程度坦诚意愿的情况下才可以做。在第一次小组活动中太多或太亲密的自我坦诚经常会吓跑其他成员。许多小组成员在参加小组辅导时很担心,如果他们坦露出太多的真实自我,其他成员会觉得他们很奇怪。为了打消小组成员在小组辅导初期的顾虑,小组活动的每个单元都要经过精心设计,让小组成员可以逐渐地将担心和问题表述出来。事实上,如果成员开始表达他的担心,讲到太私密的细节时,辅导教师可以鼓励他先不要说出这些细节。所有的活动不只是渐进地增进自我坦诚,同时也是逐渐地增加成员的参与度。这样,团体的凝聚力也能得到提升。

(六)保护小组成员不受到持续的惩罚或过早的面质

被别人取笑是引发青少年成员焦虑和愤怒的主要原因之一。这样的情形一旦在小组互动中发生,便须当成团体问题立即处理,而且如果有任何人一再地采取这样的态度,就需要改变目标。取笑、揶揄和其他的言语惩罚都会减少团体的吸引力以及改变的动机。

不经过小组成员的同意便径自面质,这也可能是一种惩罚。如果辅导教师或小组成员在可接受的范围内,指出某些特定的行为可能会带来不想要的后果,或者有些人似乎习惯以某种刻板的方式来应对压力或愤怒的情境,这样的对质是可行的,但这只有在小组成员已接受过给予别人建设性反馈的训练之后才有办法做到,包括以一种不是讽刺而是就事论事的声调,以假设语气("有可能是……"),并使用"我"开头的陈述句("我的看法是……"或"我想……")。

如果还是有这些情况发生,就算作为"受害者"的成员没有提出来,辅导教师还是需要提出来澄清一下。要针对遭受惩罚性言语的人可能有的反应加以讨论,并审查可用哪些不同的方式来传达或否定不一样的意见,也可一一审视小组成员在团体外遭受到的严厉对质、嘲弄或其他处罚时可能有的反应和处理策略。减少这些负面言语不但可以增加团体的凝聚力,还可以训练小组成员建设性地表达和接受批评的技巧。

(七)鼓励小组成员彼此倾听

有一个明显降低团体吸引力的因素是:不被倾听。要解决这个问题以增加团体的凝聚力，就必须传授成员有效倾听的技巧。比如，当别人在讲话时，如何保持恰当的眼神接触，简要复述对方所说的，不能确定说话者的意思时，能加以澄清询问。要是小组成员并未具备这些能力，就要在小组辅导早期，通过团体活动来学习这些技巧。当这些技巧真的能够发挥作用时，辅导教师需要对小组成员进行鼓励。

另一个跟有效倾听有关的讨论技巧是：等别人说完再说。这个行为的反面便是一直打岔。有时候是因为很热切地想要表达，所以打断另一个成员，其实偶尔的打岔不是问题，但是打岔变成一个模式时，便需要使用下面这个活动：每个小组成员在讲述他自己的想法之前，都必须重述前一个人说话的内容。这个活动进行一次大约只要5分钟，可每隔一段时间便重复进行一次。这个活动会使互动多少有点放慢下来，但这样做也能明显地限制打岔的次数。而简短的间隔则是必要的，这样才不会让小组成员对缓慢的步调感到无聊和厌烦。

(八)小组辅导早期需保持畅快的步调

有不少问题成员的注意广度是很有限的，有些人还有注意力障碍的缺陷，其他人则是缺乏动机。为了抓住他们的兴趣，就得运用许多快速变化的活动，以提供更多的机会来增强他们的兴趣。具体来说，就是让角色扮演活动变得简短，反馈也要简要，娱乐性的活动玩十分钟，身体活动外再夹杂一些讨论。辅导教师可将活动过程中的每一项的时间先设定好，好让活动可以简短些，在尽量让所有人都参与的原则下，让小组内的成员轮流当计时员。当小组成员已对小组辅导比较感兴趣时，小组活动就可以持续更长一点的时间，也可以更加复杂化。

(九)小组辅导早期教授技巧或解决问题

为了示范并解释小组辅导到底是做什么的，早在小组辅导的第二次会谈中就需要处理成员共同的问题，或是教授成员一些重要而且接下来都会用到的技巧。

在第一或第二次小组辅导中，可能就会浮现出一些问题，那么在这几次的团体活动中就可以加以处理，比如决定告诉重要他人(如父母、朋友、亲戚)有关团体的哪些事，怎么说，怎么对团体内所分享的事情予以保密等等。

二、会谈中期技巧

小组辅导中最重要的阶段是中期,即工作阶段,因为这个时期是所有小组成员成长、学习并从小组辅导中获益最大的时期。在工作阶段,成员一起讨论、分享、解决问题或完成任务。在一个教育团体的中期阶段,辅导教师必须要更多地关注从提供信息转变为促进讨论,而后再提供更多的信息这样一个过程,关键是要提供足够的信息、充足的分享以及探讨的时间;在任务团体的中期阶段,辅导教师的角色是帮助小组成员做出多个选择,然后协助他们向一个决策或方案努力,辅导教师必须观察不同的团体动力,将焦点集中在这些团体动力上。

在工作阶段,辅导教师必须决定设计什么样的计划,这主要取决于小组辅导的目标、成员的个性和需要,以及成员之间的信任、兴趣和投入的程度。一些辅导教师在小组辅导开始之前就设计好了整个小组辅导的一系列计划,但却没有根据小组辅导的进展适时地调整计划的内容。但重要的是,要意识到提前设计好的小组辅导计划,或者上个月用过的计划也许已经不适用于目前的状况了。制订工作阶段的计划时,辅导教师必须考虑小组成员对小组辅导的感受。

对于工作阶段,有几种领导技术和技巧是非常有用的。为了使小组辅导成为一次有意义的体验,要记住的最重要的技巧是阻止小组成员,引导小组成员,保持、转换和深化焦点。

- 使用进展报告
- 引导主题性讨论
- 激发小组成员的思考
- 改变模式
- 如果可以,改变领导风格
- 如果可以,改变小组结构
- 利用声音促使小组成员思考
- 利用团体外的素材和作业
- 与小组成员单独见面

·当小组辅导快要结束时,提前通知小组成员

下面作具体介绍。

(一)使用进展报告

在很多小组辅导中,成员经常要分享生活的方方面面,而这些方面需要在下一次会谈中追踪了解。那么开展这项活动的最好方法是,在每次开始小组活动时,请每个成员进行进展报告。这样做不仅对那些分享进展的成员有帮助,而且有利于增强团体的凝聚力。然而,一些辅导教师经常会错误地让进展报告占用太多时间,但事实上这只需要5~10分钟的时间就足够了。

(二)引导主题性讨论

为了保持高涨的兴趣,当小组成员在讨论各种各样的主题时,辅导教师必须注意倾听,以寻求新的观点和话题。当辅导教师发现成员的兴趣开始下降时,要引入一个新的讨论主题。辅导教师可以从成员正在说的话中找到合适的主题——也就是从正在进行的讨论中找到可供分享的主题。

(三)激发小组成员的思考

因为小组成员不可能总是愿意首先提出他们的想法,所以辅导教师必须时刻准备好发起讨论。为了激发小组团体,辅导教师可以使用各种练习和活动。辅导教师也可以使用一些一般性的问题或评论,以此来鼓励和促进小组成员的分享和讨论。有时候,辅导教师需要做的只是问一个基本的问题,而在另一些情况下,辅导教师会作一个简短的陈述,然后再提一个问题。许多辅导教师只知道提出问题,却没有意识到在提出问题之前用一段简短的评论作为开场白的重要性。如,"你们中的许多人看上去正在沉思,那么我想知道,在你们的脑海中印象最深的是什么呢?"

(四)改变模式

辅导教师应当考虑小组辅导的团体模式是否需要改变。在一些小组辅导中,成员似乎更偏爱一成不变的计划安排,并且从中受益。辅导教师如果看到小组成员对相同的议事日程感到厌烦,就需要改变一下团体的活动模式。如果辅导教师意识到改变安排有助于小组团体的发展,那么也可以自己决定或者让小组成员来决定如何安排时间,从而使小组活动变得更加有趣和有益。

(五)如果可以,改变领导风格

有时在小组辅导的工作阶段中,辅导教师会感觉到有必要改变一下领导风格。辅导教师可以从小组辅导中退出一些,少做些引导,鼓励小组成员承担起更多的责任。辅导教师让成员自己完成大多数的工作,如打断、引导发言、找到新的讨论话题。但在其他的情况下,仍然需要辅导教师扮演积极的角色。

(六)如果可以,改变小组结构

有时在小组辅导的工作阶段中,辅导教师会发现有必要改变一下小组的结构。这种改变可以采用增加小组新成员的方式,也可以采用减少会谈次数、延长每次会谈时间或增加会谈次数的方式,还可以采用改变会谈开始时间的方式。但在做出任何改变的决定之前,辅导教师需要把这个想法告诉小组内的所有成员,让大家一起讨论。

在某类小组辅导中,一些小组成员希望实现的辅导目标与另外一些小组成员希望实现的辅导目标完全不同。当成员期望小组辅导有两个或更多个不同的结构或目标时,就出现了一个两难境况。但是,每一种情况都是特有的,因此解决的方法也是独特的。如,辅导教师可以把小组分成两个次团体,或者可以把会谈时间分成两个部分。

(七)利用团体外的素材和作业

有些小组辅导会布置家庭作业,对于很多的小组辅导来说,布置的课外阅读、电视剧和其他形式的家庭作业,可以使小组成员在两次会谈之间也能积极投入,还可以将其作为小组活动时讨论的话题来源。

有一种方法是让每个小组成员给自己写一封鼓励信,放入写上自己地址、贴好邮票的信封中,带到小组团体中。成员将信留下,然后辅导教师在会谈期间隔期寄出这些信,这样每一个小组成员都会在会谈期间收到一封自己写给自己的鼓励信。辅导教师可以视情况选择阅读这些信,并作出额外的评论。

(八)与小组成员单独见面

在某些小组辅导的工作阶段,辅导教师想单独与一些或者全部的小组成员见面,了解他们对小组辅导的感受。这样的会谈给了成员向辅导教师说出对小组的意见和反映的机会,同样也给了辅导教师与成员讨论各种问题的机会,这样的讨论不受时间和团体动力的限制。一些专家认为这种性质的会谈可能会降低小组辅导的效用,但事实上恰恰相反。因为一些成员恰恰需要私人性质的会谈机会,以便让他们在小组活动中能更加开放。简单地说,辅导教师完成的是一项助人的工作。辅导教师可以在伦理原则之内,做任何能做的事情,尽可能地帮助他人。

(九)当小组辅导快要结束时,提前通知小组成员

辅导教师至少要提前3~5周把小组辅导的结束时间,通知给小组成员。尽管也存在特殊情况,不能事先决定结束的时间,但是辅导教师通常在开始阶段就已经决定了结束的时间。因此,可以在几周前就提醒小组成员,小组辅导将会在几周后结束。而且,这也是一个非常有必要的做法。

三、会谈结束期技巧

结束期是指小组活动达到目标至下次小组辅导开始的那段时间,结束阶段是指小组的最后一次活动或最后几次活动。具体的活动次数取决于小组辅导的类型以及会谈的总次数。每一次小组活动都应该有结束期,而结束期的长度取决于小组活动的长度和小组辅导类型。讨论或任务团体的结束期可能仅仅是简单地总结主要观点或所做出的决定,因为这相当直截了当,所以只需要花费少量的时间。在支持或辅导团体中,小组成员会分享大量的思想和情感,因此需要更多的时间来收集要点、澄清目标、检查未完成的事情、鼓励大家做出行为反应。通常,辅导教师只是凭借经验来判断结束小组辅导所需要的时间。

结束期的交流有助于增强小组成员的参与意识和凝聚力,成员分享他们如何从小组活动或讨论中获益,或者从其他成员的评论中受益。对辅导教师而言,倾听小组会谈中少言寡语者的发言尤其重要。辅导教师要做到能从倾听他们对小组辅导中所发生的事情的感受,以及他们是否感到舒服中获得极大的帮助。另外,不太活跃的成员可能会被认为是消极的,但事实上他们的参与将有助于将他们和小组联结在一起,从而使其他成员能更好地理解他们以及他们对小组辅导的体验和想法。

在告诉小组成员小组辅导进入结束期时,可以运用以下技术:

(一)澄清目标

辅导教师需要非常清楚地知道结束期的目标。在结束期,小组成员可能会提出许多问题和关注点,这可能会把小组辅导引入无效或新的方向。当小组成员提及新的话题时,辅导教师要向小组成员解释结束期的目标,并提供选择,在下次会谈开始时讨论这些话题。不管如何,此时需要牢记的重要一点就是小组辅导即将结束。

(二)阻止

为了将焦点放在结束期上,辅导教师必须准备好运用阻止技巧。小组成员在结束期不仅会提出新的问题,并且还会经常反复重述一些小组辅导的相关信息,但这种重复并不属于强调或是总结。假如出现这种情况的话,辅导教师可以抢先发言,阻止其他小组成员做出回答。这样就可以确保在小组辅导的结束期不会再展开新的话题。

(三)联结

在小组辅导的结束期,联结的技巧也是特别有用。借助这种技巧,辅导教师能够在主题、问题和个人体验之间建立相互联系。对辅导教师来说,最重要的是要确认这些联系之间的关键点,然后与大家分享。让小组成员明白小组模式、问题和个体是怎么样联结起来的,因为仅仅只靠成员自己,一般是无法做到这点的。

(四)引导发言

在结束期,引导发言也是一种重要的技巧,因为辅导教师通常需要听到来自尽可能多的小组成员的声音。运用两两组对和轮流发言可以使引导发言的过程变得相对容易些。但是,对辅导教师来说,尤其重要的是要引导小组辅导中不活跃的成员发言,这样既能帮助他们参与到小组活动中,又能得到他们对小组辅导的反应。

(五)提出希望

对于结束特定类型的成长、支持和教育类小组辅导,"提出希望"是一种很有用的技术,这种技巧有助于在小组成员之间建立积极的支持性感受。

(六)认识新成员

当有新成员加入小组辅导时,辅导教师要稍微改变一下结束的方式。如果该成员看起来好像是充分放松但仍是相对沉默,那么辅导教师可以在结束期花一些额外的时间关注新成员,将焦点集中于新成员,使他有机会进行分享,也有助于他感觉更加舒服,还能使其他小组成员有机会增加对新成员的了解。通过倾听新成员的发言,辅导教师也可以更好地了解他参加小组辅导的感受。

第三节 使用技巧时的注意事项

一、辅导教师容易犯的错误

在小组辅导中,辅导教师常常会犯一些错误,如:
- 领导不力或领导过分
- 热身阶段持续太长时间
- 焦点转移太频繁
- 在一个小组成员上耗费的时间太久
- 只关注一两个小组成员
- 只计划一两项小组活动
- 没有留出足够的时间推进小组活动

下面将详细描述以上易出错的方面。

(一) 领导不力或领导过分

有技巧的辅导教师能把握领导的分寸,并让小组成员从他的领导中受益,而无经验者经常犯的错误不是领导过度,就是领导不够。领导过度是指让小组成员参与的程度不足。如果辅导教师将焦点集中在枯燥的、不能引起小组成员兴趣的或者不相关的素材上,就容易产生这样的失误。另一方面,当辅导教师不明白如何让小组辅导变得更有意义时,他们就很可能会放权给小组成员,导致领导不力。

(二) 热身阶段持续太长时间

在小组辅导的开始阶段,一些辅导教师经常会让小组成员闲聊或者关注一些不相关的主题,导致热身阶段占据了整个会谈的大部分时间。但是,热身的目的只是让小组成员的注意力能集中到小组辅导中来。因此,有技巧的辅导教师会密切注意并确保开场不会持续太长时间,或偏向没有帮助、无建设性的方向。

(三)焦点转移太频繁

没有经验的辅导教师经常会犯一个错误,他们没有在一个焦点上固定足够长的时间,以至于没有对小组成员产生影响就转移到下一个焦点中。对于任何团体而言,焦点都很容易从一个主题转移到另一个主题,除非辅导教师有意将其固定或深化。因此,辅导教师应当要注意焦点和焦点的深度。而在工作阶段,辅导教师必须将焦点深化到一定程度,使其对所有或大多数小组成员都有一定的意义。

(四)在一个小组成员上耗费的时间太久

将焦点固定在一个没有理解小组辅导内容的成员上太久,这是一个错误的做法。新手辅导教师经常会让小组辅导迎合个别有困惑或反应慢的成员,这样做对其他成员而言意义不大。如果有成员不理解小组辅导的内容,有一些方法可供参考:如果用相当短的时间可以解释清楚,那么不妨就先进行解释;让其他成员尽力解释或澄清问题;告诉这个成员,你将会在会谈结束后或休息时间对他进行解释;告诉成员,你将会在另一个时间与其见面以重温小组的活动内容;安排另一个成员与这个成员见面,重温活动内容。如果有成员一直无法理解小组的辅导内容,那么也可以选择请他离开这个小组辅导。

(五)只关注一两个小组成员

避免只将焦点集中在一两个小组成员上的一种方法是使用成员评估技巧。辅导教师需要回答下面有关小组成员的问题:对参加此次小组辅导有什么样的感受?期望从小组辅导中学到些什么?有什么是想说但又害怕说出来的?在过去几周中,你一般有多长的说话时间?

通过每个小组成员对这些相关问题的回答,辅导教师可以知道每个成员想从小组辅导中得到什么。这些回答对计划每次的辅导会谈非常有帮助,而且也能够让辅导教师为小组团体准备好许多可能的选择和话题。

(六)只计划一两项小组活动

另一个错误是只计划一项练习或一个主题。准备好备用的方案总是明智的。因为有时候第一方案并不能产生足够好的效果时,就可以使用备用方案。

(七)没有留出足够的时间来推进活动

留出充分的时间来讨论和推动电影、讲座或团体练习的进行,是很重要的。通常大部分时间应该留用于分享和推进,而非只是看电影、听讲座或做练习。

二、辅导教师容易忽略的事项

许多辅导教师,往往把很多精力放在结束阶段,而忽略了开始阶段和工作阶段。其直接的后果就是,结束阶段能产生的效果很小,更有甚者,有些小组辅导的结束阶段根本就没有出现。事实上,开始和结束都是十分关键的阶段,需要辅导教师加倍留意。如果处理得好,小组辅导在结束阶段也能有效运作。

相对来说,小组成员在开始和工作阶段会表现得较为主动和活跃。但在结束阶段,小组成员还不懂得如何有效地在小组团体中运作,因此仍需要辅导教师的教导和诱发。此时,辅导教师的主要任务是适当的干预和氛围的营造。辅导教师要很敏锐地在适当的时间对小组讨论进行干预。在工作阶段中,辅导教师需要有效地协助成员学会面对和处理冲突、矛盾,以及经常出现的对质,使小组辅导能够离开表面化的相处,使辅导教师和小组成员的关系更为深入,小组成员之间也可以彼此促进对方的成长。在充满矛盾和冲突的工作阶段中,小组成员可以从中获益。同时,在处理过程中,为小组辅导建立起适当的自我表达常模,否则就只会是一种表面化的团结。

(一)流失率

小组辅导的统计调查表明,不管辅导教师付出怎样的努力,小组活动中成员流失的现象都是难以避免的。特别是在小组辅导的早期阶段,流失率会比较明显。流失率指的是在中途放弃继续参加小组辅导的成员人数占总成员人数的比例。

通常,流失的原因有很多,比如,难以避免的筛选错误,在小组发展中出现出乎意料的不和谐现象、亲密感和自我表露之间的冲突、缺乏辅导前的充分准备以及不良情绪的传染等等。而深层次的原因可能是,小组辅导早期过多的压力。那些人际关系适应不良的成员往往不习惯小组团体所要求的坦率和亲密的人际互动;他们对辅导过程深感困惑；怀疑团体活力和资金问题之间存在必然的联系。最终，他们会感到自己无法从小组辅导中获得足够的支持来维持对辅导的希望，因此就会选择中途放弃继续参与小组辅导。

对于如何预防成员的流失，以及当流失发生时该采取怎样的措施，最重要的两个方法是，筛选合适的成员和辅导前充分的准备。而在辅导前的准备过程中，最重要的是让小组成员意识到在辅导过程中必然会遭遇一些挫折。这番说明可以提高成员的信心。比如：在一个由一些老成员和新成员组成的小组团体中，在前两次会谈中，老成员告诉新成员在第六次或第七次会谈时，会有一些人决定放弃辅导，因而，小组团体不得不抛开其他问题，花一两次的会谈时间来挽留那些成员。此外，老成员还可以告诉新成员，他可以预测哪位成员将会是最早萌生退意的人。这种形式的预言，恰恰是安抚新成员、预防他们中途放弃的最有效方法。

尽管辅导教师耗费苦心，但还是会有一些小组成员告诉辅导教师他要离开小组辅导。缺乏经验的辅导教师特别容易被那些扬言要退出小组辅导的成员所威胁。显然，他们害怕"成员会接二连三地离开，最终，只剩下自己一个人形单影只，此时，该怎样向上级教师交代呢"？如果辅导教师真的持有这种想法，那么他也就无法继续辅导成员了。因为当辅导教师觉得受到胁迫时，辅导教师和成员之间就失去了平衡。为了使成员能重新回归小组辅导，辅导教师会不惜采取哄骗、诱惑以及其他任何手段。一旦这些取悦辅导成员的情况发生，辅导的作用也就荡然无存了。

（二）出勤和准时

在小组辅导发展的开始阶段，成员往往很难做到准时出席，特别是辅导对象是问题成员时，他们往往会寻找种种借口，比如休假、生病、会见朋友等。此时，辅导教师千万不要为了忙碌的成员而重新调整计划。要知道在小组辅导中之所以会出现这种现象，是因为存在成员阻抗的问题。这时，辅导教师可以借鉴个体辅导中的经验及时调整干预措施，及时处理这类阻抗问题。

阻抗的根源可能是小组团体缺乏凝聚力或团体正面临解体。有时候，阻抗是个人行为而非团体行为。无论阻抗背后的原因是什么，辅导教师必须及时矫正这种阻抗行为，因为这种不规则的缺席对整个团体来说，只会有百害而无一益。一个无故缺席的成员,从小组辅导中获益是非常困难的。对于任意缺席的现象,辅导教师必须采取果断的干预措施来加以制止。

对辅导教师来说,关键是自己要准时参加小组辅导,这么做必然会对小组成员产生潜移默化的影响。因而,辅导教师自己应该以身作则,把团体放在优先考虑的位置。如果有事不得不缺席,则应该提早通知小组成员。辅导教师要想方设法努力改善出勤率。比如,有些小组成员几乎每次都迟到,但是,一旦辅导教师帮助他们识别并解决自身的阻抗问题之后,在接下来的几个月中,他们都会非常准时地参加小组辅导。另外,在辅导前的面谈中,很多辅导教师都会强调出勤的重要性,除非成员有特别的理由,并事先向辅导教师充分说明。如果小组辅导涉及一定的费用,那么辅导教师需要告诉大家,可以缺席但费用是不会退还的。还有的辅导教师,可能会一定要等到成员都出席之后,才会开始辅导,即使这些规则没有用书面的形式呈现,来自其他成员的压力也会使这几个散漫的成员不得不压抑阻抗问题,再次准时参加。但是,作为辅导教师,应该鼓励其他小组成员对那些迟到或缺席的小组成员表达他们的感受。但须注意的是,在一个年轻或不成熟的小组团体中,其他小组成员可能不会在乎出勤率,反而更喜欢小规模的团体,认为这样可以使他们有更多的机会获得辅导教师的关注。

如果对缺席和迟到行为做出恰当的处理,将有助于成员更深入地了解自己。在互动式团体中有一句重要的格言:"团体中发生的任何事件都在为了解人际互动提供原材料。"即使小组成员缺席,也可以提供给大家先前从未关注过的重要素材。事实上,即使是很小的团体,若将重点放在团体和人际历程上,也会加强辅导前后的一致性,而且,在技术操作上也是毫不费劲。

(三)把小组成员"请出去"

小组辅导是一种高效率的心理辅导模式,但如果成员不能从中获益,那么还不如让他离开团体,给他介绍一种更为有效的辅导模式。另一方面,辅导教师还应该接受一些能够从小组辅导中受益的成员进入小组团体。把某位小组成员请出小组团体,对该成员和整个团体来说都具有重大意义。但要注意的是,辅导教师把成员请出去之前要深思熟虑,只有当该成员不积极参与小组活动时,才可以认真考虑将他"请出去"的这一种方法。

那应该如何把成员请出去呢？只有一个方法，就是毫不留情地把成员请出去。事实上，成员被请出小组团体是因为他们总是在小组辅导中采取过多的防御而一无所获。他们这种状态往往会引发小组其他成员的焦虑，并使小组辅导无法开展建设性讨论。

当把一位成员请出去之后，可以预测到其他成员必然会对此做出强烈的反应。他们常常由此可能联想到自己以前或被小组团体驱逐，或被小组团体遗弃的情景，并重新体验到那些被压抑多年的焦虑。其他成员通常会对此做出以下两种解释。一种是拒绝或遗弃：辅导教师不喜欢那位成员，并且怨恨他，所以要他离开小组团体；另一种解释是：这种做法是为了确保该小组成员和其他小组成员的最大利益，是负责任的决策。但通常很多成员都会认为这么做只有一种解释，而且就是第一种的解释，意味着拒绝。此时，辅导教师要让成员明白和接受第二种解释，可以向他们解释之所以这样做的原因并不是遗弃他们，同时，给小组成员分享为他们所做的未来的辅导计划。

当一个成员被请出小组团体或选择主动离开时，辅导教师应该从中汲取尽可能多的教训，为将来的辅导积累经验。利用最后一次会谈，详细回顾成员在小组团体中所经历的点滴，对辅导教师来说也是有好处的。作为总原则，最有效的方式是从成员的整个辅导生涯角度来审视该成员。如果成员今后很有可能还要继续参加小组辅导，那么从长远来看，和他进行建设性的对质将有助于其未来的小组辅导。相反，如果成员今后不太可能寻求动力学导向的辅导，那么最后一次对质也就没有什么必要了。

对于最后一次会谈，小组成员往往会感到沮丧，他们会把这次的小组辅导看做是一次失败的经历。即使成员表面上予以否认，但辅导教师也不应该忽视这种挫败感的存在。辅导教师要让小组成员明白，造成辅导模式不能取得成功的原因有很多，而并非他们自身的不足和失败。辅导教师应该和小组成员私下进行讨论，引导他们从积极的角度来看待这次经历。

(四) 新成员的加入

新成员的加入在小组辅导发展的任何阶段都有可能发生，但对长期辅导的小组团体来说，新成员加入往往出现在以下两个关键期：第一个关键期是小组辅导前几次的会谈，主要任务是替换那些早期流失的成员；第二个阶段是大约在小组辅导工作阶段之后，主要是补充因进步而结业的成员。

1. 时机

辅导教师是否能选择一个适当的时机来引进新成员，对小组辅导的发展起着至关重要的作用。通常，加入新成员的最好时机就是小组团体停滞不前的时候。当小组团体处于忙碌状态或忙于处理内部冲突时，就不适合有新成员加入。只有当小组团体发展顺利，但团体规模缩小到一定程度时，才可以引入新成员。因为一个小团体，即使凝聚力再高，一旦出现成员缺席或中途放弃，就会使团体规模更为缩小，且缺乏人际互动，从而影响小组辅导的有效进行。另外，对于很多小组辅导，尤其是"老"的小组辅导，应积极鼓励引进新的成员，多给小组辅导注入新的活力。

2. 团体反应

即使在其小组成员强烈恳求辅导教师引进新成员的小组辅导中，"老"成员依然会对新成员存在明显的敌意。每当有新成员加入小组辅导时，老成员可能会选择一些具有威胁性或令人沮丧的话题，表达自己的矛盾情绪。例如，他们会表现出不愿意就座，全然不顾辅导教师和新成员的态度；或者对新成员进行言语攻击，如他们热切怀念离开已久的老成员，对小组团体以往所发生的趣闻逸事津津乐道。同时，老成员还会对新成员评头论足，并认为他们与已经离开的很多新成员有相似之处。而另一种情况是，把新成员拿来与辅导几个月就放弃的成员相比。老成员可能并没有意识到这种迎接方式是多么令人难堪，相反，他们会自认为这是对新成员表示欢迎。

当然，老成员也会对新成员表现出热烈的欢迎和支持。通常，老成员会向新成员表达自己在小组辅导中的种种收获。但相比较而言，小组团体似乎更喜欢通过威胁以及设置苛刻的入团规矩，使新成员感到气馁。然而，可以肯定的是，老成员不愿贬低自己的小组团体，会想方设法地增加团体对新成员的吸引力，因为他们不想看到新成员对小组团体深感失望,而退出小组辅导。

团体内对新成员产生矛盾情感的原因有很多。团体内一些具有较强控制欲和支配欲的成员可能认为新成员的加入会动摇他们自己在团体中的地位或权力。另一些人则可能把团体新成员视为潜在的竞争对手,担心他们可能会减少辅导教师和其他成员对自己的关注。有一些非常珍惜团体稳定性和凝聚力的成员可能会认为任何现状的改变都将会对团体和自身产生威胁。还有一些小组成员,他们担忧团体的发展速度会因此而受到影响,他们害怕随着新成员的引进,将重新面临自己已经熟悉的内容,重复经历那段彼此相互介绍的仪式程序。

3. 辅导性策略

大量研究表明,进入任何一个具有既成文化氛围的环境都会使人产生焦虑,因而都需要支持。新成员进入一个陌生的文化环境时,通常会感到被排斥和不知所措。因而,辅导教师最好允许他们按照自己的方式来融入团体,以减轻他们的思想负担。新成员刚加入一个既成团体时,他们很快发现这里远比新团体的初次会谈困难得多,而且他们可能会被那些经验丰富的老成员的娴熟、大胆的人际交往方式所折服。但是,上述问题都应该拿到小组活动中一一进行讨论。

辅导教师向新成员描述前几次会谈中所发生的重大事件,这对团体来说是很有帮助的。比如辅导教师可以向新成员描述前几次会谈当中所发生的冲突。或者,如果小组辅导过程进行了录像,那么在征得大家的同意之后,可以组织新成员观看录像。在新成员的前一两次会谈中,辅导教师可以鼓励新成员积极参与到团体中来,这一点通常是通过询问他们对团体的感受来实现的,如"这是你第一次参加小组辅导,请你谈谈对小组辅导有何感受,好吗?"或"对你来说,融入团体是否存在一些困难?到目前为止,你有哪些担忧?"等等。这些问题常常能帮助新成员较好地理解自己的参与情况。

团体吸收新成员的速度,直接受到引入新成员的数量的影响。很多辅导教师喜欢一次性引进两位新成员。成对的引进还是有很多可取之处的:团体一次吸收两位成员,可以节约不少时间和精力;此外,这两位成员也可以相互依赖,从而减少生疏感。可是,这样的做法并不能有效地降低流失率。有时,如果其中一位成员比另一个成员更能轻松地融入团体,则反而会使另一个成员焦虑不安。一般来说,六七人的团体可以迅速地接受一位新成员。这时,团体只需稍作停顿就能继续前进,并很快使新成员跟上团体发展的步伐。相对地,如果一个四人团体一次引进三位新成员,那么就会使团体停滞不前,完全将精力投入到吸收新成员的任务上。如果发现老成员的态度不够友善,他们就会自然而然地和其他新成员结成联盟,从中获得慰藉。辅导教师如果发现团体中"我们"、"他们"、"老成员"、"新成员"等词被频繁使用,就应该对这些分裂现象保持高度警惕。只有新成员的吸收工作完成后,团体的辅导工作才能进一步展开。

当辅导教师试图把两个规模很小的团体整合在一起时,通常也会发生类似的情况。确实,整合两个小团体的过程并不容易。先前形成的派系和文化差异将会产生持久而又激烈的冲击。因此,为了促成整合,辅导教师必须就此积极地做好各项准备工作。

在增加新成员的过程中,可以让团体参与新成员的筛选,以使团体和成员达到最佳匹配度。例如,辅导教师可以让整个团体与"新成员"候选人进行面谈,事后由团体投票表决。对新成员而言,这更像是一场严峻的考验。辅导教师在最初的个别会谈中,可以先让新成员对团体面谈有所准备。当然,如果团体决定不接受这位新成员——尽管这种情况很少发生,那么辅导教师就应该负责地把他安置到其他合适的小组团体中去。这种让团体参与的双向选择过程往往存在操作上的困难,而且只适用于那些成熟的长期团体。从理论上说,这对新成员和团体双方都有好处。通过克服障碍而进入团体的新成员,会对团体有更高的评价。另一方面,老成员由于在决策过程中担任了积极主动的角色,所以更愿意为他们的决定承担责任,并投入大量的精力帮助新成员融入小组团体中。

在新成员加入团体时,如果辅导教师能关注每一位老成员对新成员的反应,那么也将有助于推动老成员的辅导进展。有人认为小组辅导的一个基本原理是,探究不同反应背后的深层原因往往有助于成员领悟自己的性格特征。当成员发现在同一情景中他人的反应方式完全不同于自己时,往往会深感震撼。这迫使他们对自己的行为作出反省,这种机会在个体辅导中并不多见,但却被视为小组辅导模式的经典优势之一。

三、应对小组辅导中的冲突

人类社会不可能没有冲突,小组辅导也是如此。对于冲突,可能立即会联想到它的负面性:如破坏、痛苦、暴力。但事实上,冲突也有其积极的一面。冲突可以给人类生活和人类社会带来喜剧色彩、变化和发展。就整个小组辅导的发展过程来说,冲突是无法避免的,如果缺少了它,反而会影响团体的发展进程。此外,如果冲突没有超过一定的限度,小组辅导就可以合理地利用冲突,推进小组成员进一步的发展。接下来,我们将探讨小组辅导中冲突的来源、意义和辅导价值。

(一)冲突的来源

在小组辅导中,冲突的来源有很多。刚开始,小组成员几乎不太自我尊重,不觉得自己可以提供一些有价值的东西供大家讨论。经过几个月的辅导之后,小组成员才会真正开始倾听和尊重其他小组成员的意见。

在小组辅导中,产生冲突的一个重要原因是移情和恶意的扭曲。如果一个人不是基于事实,而是基于某种印象对他人做出某种反应,那么这位小组成员可能会以他对生活中某些重要事物的观点来看待他人。如果印象的扭曲是负面的,那么彼此就很容易产生敌意。团体可能会加深敌意,强化遭拒绝的感觉和行为。如:小组成员可能会长期压抑一些令他们感到羞愧的特质或欲望,有时甚至长达数年或终生。当另一个人表现出这些特质时,他们通常会避开他或莫名其妙地对他产生一种强烈的敌意。如果他们能接受个体辅导,那么这一过程就可以接近意识层面,并很容易被识别出来,否则,可能会因为隐藏得很深,常常需经过好几个月的探索分析才能明白。

竞争可能是另一种冲突的来源。在团体中,为了获得辅导教师更多的关注,小组成员往往会彼此较劲。例如,小组成员会揣摩辅导教师可能会更喜欢哪一个小组成员。此外,新成员的加入也经常能激发竞争的情绪。

有时,冲突的产生是由于经验的不同,从而对事物产生的看法不同。不同年龄的成员可能会在学习方式、行为规范或个人价值观等问题上争论不休。随着小组辅导的进展,成员也会对那些不遵守团体规范的其他成员感到不耐烦,甚至发火。有些成员由于自身的人格问题,总是卷入冲突之中,并在所属的团体中制造冲突。有一些较为偏执的成员,他们认为整个世界都是充满危险的。所以,他们敏感多疑,时刻保持警觉。他们始终处在紧张状态,随时准备应付紧急情况。很显然,这些特质使他们无法与团体其他成员亲近并和睦相处。他们的愤怒情绪迟早都要爆发,他们的个性特质越趋于僵化,其爆发的冲突就会越强烈。

Gans 根据团体发展阶段,概述了团体中敌意的一些主要来源。早期阶段,团体会助长成员的退行以及非理性、不文明的行为出现。新成立的团体,由于害怕暴露、害羞、害怕见陌生人等,成员充满了焦虑,并可能会以敌意的方式表现出来。而另一个冲突的来源就是偏见:认为自己已经很了解他人,从而使自己的焦虑感降低,当然这种偏见会激起对方的愤怒。整个团体发展历程中,很多都是因为反馈意见被忽视、排斥或误解而使自尊受到伤害,从而心生报复。在后期阶段中,敌意通常来源于以下情况:投射倾向、同伴竞争、移情和某些小组成员提前终止小组辅导。

(二)冲突的处理

不论冲突的根源是什么,敌对者往往坚持一种信念:"自己是对的,别人是错的","自己是好的,别人是坏的"。此外,虽然当时不能分辨出这些信念,但敌对双方对此却深信不疑。只要存在这种敌对信念,就有了制造出一种持续紧张气氛的所有要素。

通常,敌对双方不会再以互相谅解的心情去倾听对方,因此,他们永远无法消除对彼此的误解。敌对双方不仅停止倾听,而且毫无理智地曲解对彼此的感觉。敌对者的言行举止被重塑,实质是早先假定、相反的证据被忽视或歪曲。安抚的姿态往往被曲解成欺骗的伎俩。

相互不信任是冲突产生的基础。敌对者认为自己的行为是合情合理的,而他人的行为是在搞阴谋,是不好的。人类社会中常见到这种现象。如果在团体中允许这类现象出现,那么团体内的成员将无法改变或无法学习。因此,在小组辅导的早期阶段,就必须建立团体的氛围和团体的规范,从而预防这种局面的出现。

团体凝聚力是成功处理冲突的总要素。成员必须互相信任、彼此尊重,必须将团体看做是满足个人需求的重要场所。成员必须了解,如果团体要生存下去,就必须保持沟通,无论他们多么愤怒,都必须与其他成员保持直接的沟通。此外,团体必须认真对待每一个成员。当一个成员的愤怒不被重视,或者这个成员被团体像吉祥物一样供起来时,那么他接受有效辅导的希望就会落空。这样,团体中的另一个成员就有理由担心自己也会有同样的遭遇,团体的凝聚力就会大受影响。一个有凝聚力的团体,会认真对待每一个成员,并精心制定团体规范。为了理解冲突的来源,成员要千方百计弄明白他人为什么对自己愤怒。每个成员必须探究更深层次的自我。必须建立团体规范,让成员明白他们来此是要了解他们自己,而不是打击或者嘲笑他人。

当成员感受到别人试图了解自己时,他也就会更愿意去探索以前一直被否定的某些自我。渐渐地,他们会认识到并非所有的动机都像他们所宣称的那样。他们自己的一些态度和行为,也没有完全像他们的对手或世界所显示的那样公正合理。到达了这一阶段,意味着成员个人突破的开始,他们对于处境的感知改变了,就知道可以从多角度审视问题。

同理心,是解决冲突和争执的一个重要元素。一旦小组成员认识到敌对者目前的生活状态和不幸的经历是由于早年的某些遭遇或是其他的某些方面导致的,那么敌对者的想法不仅变得有迹可循,而且变得情有可原。因此,原谅的方法就是去了解。

虽然偏离主题或拐弯抹角的敌意对解决冲突毫无益处,但永远杜绝冲突并不是小组辅导的最终目标。尽管小组团体已经解决了冲突,表现出互相尊重、和睦相处,新的冲突仍然可能会持续发生。但是,随意地表达愤怒也不是小组辅导的目标。

大多数参加小组辅导的成员和辅导教师在表达愤怒和接受愤怒时,都会感到不舒服。辅导教师首要的任务就是要谨慎地处理冲突,特别是那些极端严重的冲突。一个重要的原则就是要找到平衡点:冲突太多或太少都会造成不良的后果。辅导教师一直要对冲突进行调整并要找出解决的方法。当小组团体一直没有异议出现时,辅导教师要找出团体成员的不同看法和差异之处。

小组活动中,冲突的出现是难免的。当冲突出现时,辅导教师要主动介入,不要让冲突变得具有破坏性。应当记住,要使冲突发挥辅导性作用,就需要两步过程:体验或情感的表达和了解该体验。可以把小组辅导从第一阶段带入第二阶段,以便控制冲突。直截了当的要求,通常也是一种行之有效的办法,例如,"像上周一样,我们今天一直在表达一种强烈的感觉"。

接受负性反馈是一件痛苦的事情,但是负性反馈如果能准确和敏锐地表达出来,仍然能有所帮助。如果辅导教师能让接收者知道反馈的好处,让他成为整个过程中的一个盟友,那么他就会更愉快地接受负性反馈。辅导教师可以提及小组成员最初接受辅导时所面临的人际问题,或者获取成员再次辅导的承诺,这样有助于促进接受负性反馈的过程。

当两个小组成员彼此对立时,其中总是隐藏着重大的辅导价值。显然,双方很在乎对方如何看待自己。但通常,彼此之间还是存在着嫉妒和投射,这正是很好地发掘自我的机会。只有在生气时,彼此才会把一些重要的真相(虽然令人不快)告诉对方。敌对双方的自尊可能会随着冲突的加剧而增强。当一个人对另一个人发怒时,这意味着他们感到彼此都很重要,并都在很认真地看待对方。有人认为,愤怒是一种"苦涩的爱"。如果人们真的不在乎对方,彼此就会漠不关心。小组成员也会明白,虽然他人消极地看待他们的一些特质、行为举止和态度,但这本身说明受到了别人的重视。

对无法表达愤怒情绪的成员来说,小组辅导可以充当一个试验场所。恰当地让成员"冒个险",使之明白自己的这种愤怒并不危险,也不具有破坏性。让成员知道自己可以忍受别人的攻击,这是非常重要的。攻击性十分强的成员,可以弄明白自己的人际交往问题是由于自己妄自尊大造成的。通过反馈,他们知道自己刚给他人造成的伤害,能逐渐地面对自我挫败的行为模式。对很多人而言,一个有意义的学习机会就是直面愤怒。因为在小组辅导中,不管他们如何生气,其他成员都得学会继续留在小组团体中,保持相互之间有益的接触。

辅导教师也要帮助成员更直接、更恰当地表达自己的愤怒情绪。即使在全面冲突中,也还是有心照不宣的战争规则。假如违反规则,那么根本不可能妥善解决冲突。当攻击性增强,并毫无收益时,辅导教师就必须想办法解决冲突。有时,审视一下小组辅导的进程,也是行之有效的办法——要求小组团体追溯愤怒的意义。有时

"招呼"冲突外的一个成员,请他对整个过程发表意见,这也能起到一定的作用。有时,在持久且具破坏性的情景中,辅导教师必须能掌控整个小组团体,设定界限——若有必要,就得展示教师的权威性。

在意见相左的过程中,每个小组成员都要十分清楚自己为什么坚持自己的意见,事实上,还可能会发现新的、更有用的理由。成员也知道,不论愤怒的根源是什么,他们总是以自我挫败、适应不良的方式来表达愤怒。有些成员从反馈信息中会知道自己是怎样习惯性表达出嘲讽、不耐烦或不同意的。我们对于面部表情的敏感度以及表达方式细微差别的敏感度,远胜于对整体的感知。只有通过信息反馈,我们才能明白自己传达出来的信息并非是自己想表达的,或者自己并没有如此强烈的体验。

辅导教师也要试图帮助互相冲突的成员,让他们更深刻地了解双方的立场。如果辅导教师能够熟练使用定位练习,那么角色转换就是一种行之有效的干预方式。要求团体成员扮演对方的角色,以便了解对方的感受。

如何对待体验过愤怒的成员,这对辅导教师来说也是一种挑战。成员知道当别人处于他们的境况时也会感到愤怒;他们学会了解释自己的身体预演("我的拳头握得非常紧,因此我一定在生气");他们学会了放大初次的愤怒火花,而不是抑制它;他们懂得了感受愤怒情绪和表达愤怒情绪都是安全的、被允许的,是符合他们自己的最佳利益的。

强烈的共享情感,无论是哪一种情感体验,都能增强彼此之间的感情,也会增强团体的凝聚力。在这种情况下,小组成员在成功的小组辅导中,就好似亲密无间的家庭成员一样,虽然彼此会争执,但是总能从"家庭联盟"中获得更多支持。同样,共同经历许多应激的敌对双方也会有特别的收获。

四、处理各种不同的成员情况

在小组辅导过程中,我们总会碰到各种不同类型的成员或者一些意外情况,如何有效地处理它是每个辅导教师都希望知道的。毕竟,事先做好准备或许有助于我们解决这样的问题。下面我们提供了一些这些情况的描述及其应对建议。当然,具体情况是各不相同的,因此,你需要根据自己的判别能力来决定怎样的建议在实际情况中是最有效的。

这里别忘了!如果小组辅导中遇到的艰难的处境始终无法解决,那么就和你的辅导教师、学友、领导、同事等商讨,相信通过寻求帮助,你会得到需要的支持并能决定怎样最好地去处理这些问题。

(一)各种不同类型的成员

1. 太健谈型的人——这是一种一直在滔滔不绝地说话并看上去似乎要独霸讨论话题的人。

下面的建议或许有用:

- 提醒这位同学我们想给每个人提供一个平等参与的机会。
- 通过总结相关的要点重新将重点集中到讨论上来,继续下去。
- 花些时间来倾听小组之外的人的意见。
- 委派或指定一个伙伴,让这位同学和其他人去交谈。
- 使用肢体语言,当你提问的时候不要看着他。你或许可以考虑背朝着他。
- 私下和这位同学交流并称赞他的贡献,为了让更多的人参与进来寻求他的帮助。
- 感谢这位同学提供好的评论,告诉他你想让每个人都依次回答这个问题。
- 直到每个人都有了一次发言机会之后,你才会让一些人第二次发言。

2. 沉默型的人——这种人在讨论中不发言或在活动中不参与进来。

下面的建议或许有用:

- 仔细观察这位同学想要参与进来的任何迹象(如肢体语言),尤其是在类似头脑风暴法解决问题的小组活动中。首先叫这位同学发言,但只能在他(她)通过举手、点头等表示愿意发言的时候才能这么做。
- 确保这位同学在行动计划和反馈活动中参与进来。
- 在休息时和这位同学交谈,了解他对小组活动的感觉。
- 尊重这些实在不想发言的人的愿望,这并不意味着他们没有从活动中学到什么。

3. "是的,但是……"型的人——这种人他同意原则上的一些想法,但随之重复指出这些想法不适合他(她)。

下面的建议或许有用:

· 承认成员的顾虑或处境。

· 求助于小组团体内的其他成员。

· 在这位同学说了三次"是的,但是……"之后,陈述活动需要继续下去的必要,稍后再跟他交谈。

· 或许这位同学的问题太复杂了,在小组内无法解决,或许真正的问题还没明确。因此,活动后和这位同学再进行交谈,但首先让小组活动继续下去。

· 如果这位同学用"是的,但是……"来打断讨论或问题的解决,提醒他现在我们只是想搜集主意,让他倾听,稍后如果有时间再来讨论这些主意。如果没时间,还是在休息或课后再和他交谈。

4. 不参与型的人——这种成员不做回家作业(如阅读、行动计划、练习、放松等)。

下面的建议或许有用:

· 认识到来参加小组辅导的人比他们所呈现的问题更复杂多变。有些人除了光听,并不乐意做更多的,有些或许已经做了很多,但仍觉得不知所措。有些人或许因牵涉太多而感到害怕了;另一些人可能正在做他们的家庭作业,但不想在小组活动中谈论。不管什么原因,不要设想他在小组活动中没有收获,尤其是在他参加了小组团体的每一次活动的前提下。

· 不要花额外的时间试图让这位同学参与进来。

· 继续陈述家庭作业是为了帮助成员调整改变的进程和让生活更容易控制而设计的。尤其是行动计划,更应该是成员想做的事。不要为任何一个成员委派或规定行动计划。

· 祝贺那些完成了分配任务的成员。

· 鼓励那些完成了分配任务的人去分享他们获得的益处。

· 明白不是每件事都会在同一时间以同样的方式发生在每个人身上。

- 如果没有人做布置的任务或参与到团体中来,无论如何,这是辅导教师自己没有做好示范。

5. "好争"型的人——这种人持反对意见,经常是消极的,暗中破坏小组团体,他(她)本质或许是好的,但被一些事困扰着。

下面的建议或许有用:
- 在控制中保持沉着镇静,不要让团体激动。
- 如果受到怀疑,澄清你的意图。
- 号召另一些人来帮忙。
- 和这位同学进行一次私下交流,问问他(她)关于这门课的意见,有什么建议或批评。
- 寻求信息来源,或为了这位同学和团体。
- 如果他(她)有兴趣的话,告诉他小组活动后你会和他深入探讨。
- 说明小组辅导的设计并非你自己创造的,是被许多专家证实是科学的,你们只不过遵照大家的经验在实施而已。
- 用你独特的练习来讨论这个问题。

6. 愤怒或敌视型的人——当你看到一个人就知道他了,愤怒或许和辅导教师、小组团体内的任何人都毫无关系。但辅导教师和小组成员都通常受到他不利的影响,可能成为敌视的靶子。

下面的建议或许有用:
- 你自己不要生气,对火开火只会使战火升级。
- 和这位同学有相似的状况,还是坐下吧。
- 用低沉、平静的语气。
- 如果可能的话,证实成员的感知、解释和情感。
- 鼓励一些公开讨论来证实你理解这位同学的处境。试着专心地倾听并间接地表扬他在这些事例中的评论。
- 如果这个愤怒的人打击了另一个成员,立即制止这种行为,可以说些这样的话:"在这个团体里不容许这种行为,在这里我们希望互相尊重,互相提供支持。"

- 当没有解决途径看上去可被接受时,问"你想要我们做什么"或"什么能使你快乐"。
- 如果上述还不能消除这位同学的怒气,告诉他这个小组辅导已不适合他(她)了。

7. 问题型的人——这种人有问不完的问题,有些和主题并不相关,是用来为难小组长的。

下面的建议或许有用:
- 如果你不知道答案,不要欺骗,说:"我不知道,但我会找到的。"
- 改变方向,朝着团体:"这是一个有趣的问题,谁愿意回答?"
- 在身体上更接近,表示稍后深入地讨论。
- 当你已经重复了问题之后,说:"你有很多好的问题,我们活动中没有时间探讨,所以为什么不找到答案,在下周的时候汇报给我们听呢?"(这也能成为下周的行动计划)
- 建议成员:答案能在书中找到。
- 转回到主题上来。

8. 无所不知型的人——这种人经常打断别人,插入一个答案、评论或意见。有时候这种人关于这个主题确实知道很多,也有有用的东西可供大家讨论。而有时候这种人只是要和大家分享他得意的理论、不相关的个人经验和变化多端的治疗方案,浪费团体时间。

下面的建议或许有用:
- 再次陈述一遍问题。
- 通过不再叫那个成员发言来限制他的行为。
- 辅导活动一开始就建立指导基准,在适宜的时候提醒成员,这次活动中不讨论变化多端的信息,相反,稍后在这次活动中要讨论一些评估我们活动效果的标准。
- 感谢这位成员提供积极的评论。
- 如果问题坚持无法解决,引入辩论的原则:每个成员都有在一个问题上发言两次的权利,但只要组内其他成员没有发过言并渴望发言,他就不能发表第二次评论。

9. 喋喋不休型的人——这种人带着其他的交谈话题,和坐在他(她)边上的人争论要点,或一直在谈论着私人的话题。这种人使人恼怒,并常常打扰别人。

下面的建议或许有用:

· 停止所有的议程,安静地等待小组进入次序。

· 当你和团体继续进行着的时候站在那个成员边上。

· 安排座位让一个辅导教师坐在他的旁边。

· 重新陈述这个活动,把这位同学拉回到眼前的任务中来,或者说:"让我重复一下问题。"

· 请这位同学安静下来。

10. 哭泣型的人——有时候,小组讨论可能促使组内的一些人通过哭泣来表达他们压抑、失落、悲伤或沮丧的心情。人可以有很多理由去哭。他们或许觉得终于有人理解了他们的心情是怎么回事。这使他们觉得表达被压抑了很久的感情是安全的。哭通常是一种促进感情伤口愈合的释放。允许一个人哭对他是有帮助的,对小组成员间更密切,互相提供支持也是有好处的。你的任务是示意他可以哭,让他在小组成员面前不觉得尴尬。

下面的建议或许有用:

· 准备一盒面巾纸传给这位同学。

· 承认哭是没关系的,有问题需要克服是艰难的,然后和小组成员继续下去。

· 如果他哭得很厉害,一个辅导教师或许需要陪他走出教室看看是否有什么事需要去做,另一个辅导教师需要和剩下的小组成员继续进行下去。

· 一般来说,如果没人试着去制止哭泣,在较短的一段时间内,他自动会停止的。压力释放了,这位同学就会好受些,组员也会觉得和他更亲近了。

· 在休息或课后,问这位同学是否好些了,是否需要什么帮助。支援这位同学,哭泣是极正常、健康的行为,他在这个小组里不是第一个哭的人。实际上,它发生得很频繁,将来也可能会这样。

11. 自杀倾向型的人——很少,你可能面对这样一些人:他非常压抑,言谈中威胁要结束自己的生命或表现出极度的失望或绝望。

下面的建议或许有用：

· 记住你自身的局限，事先掌握一些能够处理危急事件干预的地方或相关信息，你能立即求助于这样的机构或者某个专家。

· 私下和这位同学交谈。一个辅导教师可以陪他走出班级，激励他寻求帮助，也可以向他介绍一些专业的机构。

· 如果这位同学拒绝去看精神科医生或心理医生，你可以自己去咨询并得到怎样处理这种情况的建议。

· 叫他打电话或允许你打电话给其家庭成员或朋友，叫他们带他去医院。

12. 辱骂型的人——这种人在语言上攻击或断然批评另一个组内成员。

下面的建议或许有用：

· 提醒小组成员这里所有人都要互相支持。

· 建立一条团体规则，提醒每个人：每个人都有权利发表一个意见。一个人或许不同意另一个人的想法，但在任何环境下都不允许进行人身攻击。如果他继续辱骂，让这位同学离开教室。

13. 卓越的旁观者——这种人有卓越的见解，他说他是出于好奇来参与的，他对心理问题无所不知并应付得很好。

下面的建议或许有用：

· 如果这位同学确实懂很多并应付得很好，活动后你或许可以考虑和他接洽关于让他主持小组活动的事宜。

· 如果这位同学懂很多但做得并不好，你可以指出知识和行为之间的不同。这次活动是为鼓励将自我管理练习结合到生活中而设计的。

· 一个人如果感觉不舒服，觉得不是小组的一部分，他或许也能表现得很出色，如果是这样的话，用某种方式来包容他。

· 如果有人不想被重视，那就忽视他好了，他会觉得无聊，然后就离开或参与进来。

14. 不制订行动计划的人——这种人在立约的时候继续做一些含糊的保证或根本不做保证。

下面的建议或许有用：

· 问他有什么问题或困难。为了有所改变，让他确定他将要采取的第一步措施。将目标降低到一个非常特殊的步骤。

· 告诉这位同学在其余人都有了一个目标后，你再让他发言。当听到别人的目标后，他或许也能说出一个目标了。

· 如果这位同学拒绝作出保证，在休息时或会谈前或会谈后和他交流，问他为什么这么做。如果你能确定他不作保证的原因，你或许能帮助他解决这个阻力或困难。无论如何，小组辅导活动的原则之一就是，我们不能让任何人去做他不想做的任何事。

· 继续转到下一个人身上，当小组内的其他人都准备要参与的时候，不要给这位同学太多的额外的关注。

15. 困境中的人——"困境中的人"是指那些有了问题之后需要帮助或仅仅需要倾诉的人。

下面的建议或许有用：

· 全神贯注地听，提一些未被解决的问题，听的时候要有反应。

· 如果5分钟之后这位同学很明显还需要更多的时间来卸下心中的包袱，在休息或活动后和他交谈，因为你需要继续进行其他小组活动。

· 不要为了这个"非常需要帮助"的人占用小组团体的时间和精力，因为他从其他的能得到帮助的组内成员那里拿走了时间。

(二) 在小组辅导中进行练习

在小组活动中你怎样让每个人都参与到你安排的一些活动中来？

下面的建议或许有用：

· 确保每个人都理解指示。

· 复习活动的好处。

· 建立我们将一起做这些活动的希望。

- 陈述根据各人的能力我们希望每个人都参与。
- 监督者会让其他人不舒服。
- 如果有人在好几次的机会或活动中都没参与，在休息时间问他出了什么问题，是否有你能帮忙的。
- 如果你立下了期望，大多数人都会参与的。你要说："现在我们将要做……"不要说："如果你喜欢，你能……"偶尔你会碰到有人不想做。如果你发现不是个别人不想参与，你或许应该考虑你是怎样叫小组参与的，你作为辅导教师是否示范得适当。
- 如果有人不习惯放松的方法，他拒绝闭上眼睛或舒展开他的手或腿，不要强迫他遵从。或许随着时间的推移，当他听到其他小组成员有多少喜欢他之后，这位同学将会放松下来。

（三）关于小组辅导场所的具体安排

创造一个没有威胁的氛围。你怎样才能创造一个鼓励分享的温暖、放松、友好的氛围呢？

下面的建议或许有用：

- 事先做好准备，当人到达的时候招呼他们，如果你愿意的话，可以提供饮料或点心。
- 把椅子围成一个圈，让每个人都能看到其他人。
- 微笑或使用幽默。
- 用名字称呼人，通过使用姓名标签让每个人都知道其他人的名字。
- 在活动开始之前你自己先做一个放松动作，这样你作为一个辅导教师先放松了，说明你做好了教导的准备。
- 通过告诉小组成员每个人都有一次回答的机会来建立讨论，问一些没有确切答案的问题，在转变主题之前给成员时间来回答，即有30秒的思考时间。

（四）着手处理问题

1. 当你不知道答案的时候，你怎么处理问题？

下面的建议或许有用：

- 如果你不知道答案，适宜的说法是"我不知道"。

- 如果你的协作指导者和小组其他成员知道答案的话,就问他们。
- 你可以告诉小组到下周你将会找到答案。
- 建议成员利用各种资讯工具来寻找答案。
- 没有人能知道任何事,无所不知是不可能的。

2. 如果你或你的合作伙伴生病了或者因为其他原因不能来参加辅导活动了,该怎么办?

下面的建议或许有用:

- 补充一个替补者(必须是受过培训的辅导教师)。
- 如果你只和另一个人一起组织活动,又找不到替补,你可以延期活动,但要尽快通知组员。
- 你可以一开始准备一个意外的计划,比如活动中安排一次机动的时间,"就为了以防万一"。
- 如果你觉得可以一个人上课,并为一个人上课而做了很好的准备,向团体解释为什么另一个指导者缺席了。

(五)活动中被打扰

当你们正在进行一些活动,比如进行放松练习时,如果手机电话铃响或有人敲门,该怎么办?

下面的建议或许有用:

- 处理这种事的最好办法是阻止,在门上贴一张告示,写明正在做放松操,请不要打扰。
- 拔掉电话线或使用电话录音。同时,也让组员关掉扩音器,不让手表发出嘀嗒声。
- 其中一个辅导教师可以去处理这种"打搅",除非他太放松了,没有反应。
- 如果正在进行放松训练,可以把这种打扰结合到引导语中去,例如,说:"当我去接电话的时候,继续放松,慢慢地深呼吸,我很快就会回来。"

(六)时间不够的辅导

出于对成员的尊重,在预定的时间结束活动是很重要的。无论如何,如果连续地在没有完成任务的情况下就结束活动,那么得检查一下你自己对时间的掌握情况。

下面的建议或许有用:

·通过例子表明你是意识到时间的。戴只手表,准时开始和结束。

·复习议程或把它登记下来,告诉团体对于时间的安排,请求他们的合作。

·准备好所有的材料,事先而不是在会谈中准备好设备和图表。

·在运用头脑风暴法展开讨论时,叫其他人帮你记录信息。

·准备一只秒表或安排一个控制时间的人在讨论或小组活动的时间快到的时候通知你。

·和你的搭档合作,表示不再继续下去的时候,让你的合作者做一个"T"的手势。

·如果进度已经滞后,便只有压缩当前的程序,在小组成员的问题或意见上设置时间限制。

Chapter 4

小组辅导的过程

本章的作用是帮助辅导教师在掌握了小组辅导诸多元素后,学习如何着手筹划实施小组辅导,其中包括了准备阶段如何明确辅导目标和辅导计划,开始阶段如何有质量地完成第一次辅导,工作阶段如何保持小组的凝聚力,结束阶段如何中止活动以及将辅导效果类化到现实生活。对上述内容的理解,有助于帮助我们进行一次很好的实战前预演。

由于每个小组辅导的小组成员之间性格不同、互动不同,因此每个小组辅导也会经历不同的发展阶段,但是,小组辅导的形成还是会遵循一定的形式和规律,因此我们必须熟悉小组辅导的发展阶段,这样才能让自己有信心并且有效地领导小组辅导,以避免在带领小组辅导的过程中出现焦虑和混乱现象。

本书中,小组辅导的发展阶段一般包括四个阶段,即准备阶段、开始阶段、工作阶段以及结束阶段。下面我们将详细阐述每个阶段所涉及的内容以及所需要关注的事项。

第一节 小组辅导的准备阶段

一、小组辅导的目标

目标是指小组辅导为何要进行辅导,以及辅导的目的是什么(有时也用"目的"一词来替代目标)。当辅导教师充分理解小组辅导的目标时,就能比较容易地决定许多事情,例如小组团体的规模、小组成员的构成、每次辅导的时间以及辅导次数等。明确小组辅导的目标是辅导教师要学会的最重要的团体领导概念之一。建立目标的过程可以帮助小组成员澄清他们的期待,评估自己达成目标的资源和能力。对辅导教师来说,小组辅导目标具有"地图"的功用,是提供思考的基础,确定自己是否具备必要的技巧。仔细设立目标可以增加小组辅导的成功几率。因此,小组成员和辅导教师都必须非常清楚小组辅导的一般性目标和每次辅导的具体目标。

当小组成员发现自己能够达到某个情境或比较小范围的目标时,他们就会有动力再继续去追求更大的目标。无法达成或只达成部分目标时,就意味着有必要重新思考一下达成目标的策略,或者是目标本身需要修改。因此,清楚地罗列出小组辅导的目标,评估辅导教师、小组辅导、辅导机构的成效标准也就建立了起来。

目标能为小组辅导提供一个清晰而现实的架构,使辅导教师和小组成员对以后的方向更加明确。在目标导向的小组辅导中,辅导重点在于引导小组成员向着所设目标前进,训练小组成员制定目标并明确地解释目标,思考达成目标之后所产生的结果,以及选择达到个人目标的手段等等。

针对各类目标所涉及的一般性领域,辅导教师应系统地整理出比较具体的改变目标。这些具体目标是某个具体的小组成员在应对某个具体的问题情境时,需要具备的具体行为或想法。小组辅导的成员所需要的辅导目标,大致上有如下几种:被同伴或成年人批评时,能控制行为;与同伴交往的时候,能更多地参与其中;遇到困难或压力时能积极应对;能够处理周期性抑郁反应,特别是当一个人的时候;学会帮助他人并能与人分享;能做家务事;完成老师布置的家庭作业;在团体中有领导能力。

辅导目标不仅包括改变个人的行为、想法和情绪反应,还包括外在环境。这些需要改变的目标可能是家里没人做饭,父母总是吵架,或是在家无人可以沟通。如果遇到这些情况,就需要社区、学校或家庭等的介入,至少也必须通过各种资源或方法转介给擅长处理这些问题的机构或个人。虽然这些问题在小组辅导中能经常发现,但其改善却超出了小组团体互动的范围。多数情况下,小组团体是训练成员更有效解决环境问题的理想场所,比如:辅导教师会鼓励小组成员之间相互帮助,或辅导教师教会小组成员解决问题的各种方法等。

但是,小组成员的需求通常并不会如此确切。领导由有各种需求的学生所组成的小组团体,意味着辅导教师不得不帮助小组团体决定哪些需求是合理的,是能应对的。辅导教师通过建议相关活动、提出相关问题以及阻止无关讨论等澄清目标,有助于保持小组成员不偏离正轨。

(一)阐述目标的原则

辅导教师可以利用一些原则来帮助小组成员阐述并为自己选择有用的目标。而这些原则与以下项目有关:具体化、改变的对象、时间范围、目标发生的情境、积极的陈述。

1. 具体化

小组辅导中,成员在当前所浮现的问题大多是比较笼统的。尽管目标会比当前问题更具体一些，但是还是有一定程度上的抽象。其中最笼统抽象的便是辅导目标。但不管什么样的目标，都应该是描述观察得到的情境或行为，或是具体可见的现象。

在说明辅导目标时，最好是说"下次有人逼我做我不想做的事，我会以就事论事的口吻告诉他，我不太想做，但谢谢他至少问过我"，而不是说"下次有人逼我做我不想做的事时，我会做出适当的行为"。情境目标和中介目标的陈述方式应该是"我会做……我会说……我会表现……增加……"而不是"我知道……我能够……我觉得……我想要……"。像"适当"这类形容词，应该用具体的行为加以说明。因此，中介目标最好是这样说："下周我会说明我生气时的情况。"而不是说："我了解我的愤怒和引发我愤怒的情境关系。"如果目标以比较具体的方式来表达，就比较容易监控，就可以清楚地知道是否达成了目标。

确定目标的过程需要不断地具体化。如果目标太笼统，辅导教师和其他成员要帮助作为当事人的成员确定每个词语的意思。如果辅导目标还包括一些准备性的技巧，便得依照适当的顺序，将做到的每个技巧的目标一一陈述出来。比如，辅导目标是增进与朋友之间的友谊，中介目标可能就是：首先，说出目前行为对其他人的影响；了解这点之后，制订一些次目标——想出靠近别人时需要讲些什么，要学会一些简单的对话技巧或聊天的技巧，以及适当地表达感受。如果辅导目标包括好几个情境，同样的，情境目标也需要一一建立。假设辅导目标是增进与他人的关系，那么情境目标有可能是"当别人嘲笑我时，我会问他们那是什么意思"，以及"每当我觉得我快受不了某人时，我会把我的感觉讲出来"。

2. 改变的对象

重点人物就是在评估阶段在团体内提出问题的小组成员。每个人的目标中都有一个重点人物，他的所处的情境、行为、态度、想法、信念、情绪状态或资源，在给定情境下要有所改变(或许维持)。通常小组成员会要求或坚持改变其他人，比如父母。有些小组成员处在糟糕而又令人难以控制的环境中，但是在考虑改变环境的策略时，态度或认知的改变也需要仔细考虑。

下面是一个不恰当的目标。有位小组成员的预定目标是"当他在学校度过糟糕的一天,疲惫地回家之后,他的父亲要多忍耐些"。在大多数例子中,这种改变他人的企图正是小组成员目前所遭受的痛苦或失败感的根源。当该成员坚持某个人才是重点人物时,可以鼓励其他小组成员谈谈想要改变他人时会遇到的困难。通常,举例可以促进小组团体的讨论。但对小组成员来说,这或许是件相对困难的事情,但也是做到真正改变而必须要做的事情。

3. 时间范围

在阐述目标时,需要明确预计辅导目标将在何时完成。大部分目标是限制在小组辅导期间可以达成的事情上。如"三个月内"、"两到四天内"、"下一次辅导前"等。如果不限制好时间,也可以限制一个范围。当小组辅导行将结束时,辅导目标则会设在小组辅导结束后一段较长的时间范围内,如"离开小组辅导后三个月,我会回到学校完成五年级的课程"。

4. 目标发生的情境

在说明情境目标时,必须描述出目标行为或目标想法出现的情境。通常情境是外在的,所以在情境分析中要包括地点、时间、人物、动作或互动。但有时候情景是内在的,比如有些小组成员碰到的情境便是他觉得难过和寂寞的时候。

5. 积极的陈述

大多数介入策略以正向方式描述目标时,会比以负向方式描述来得更加有效。如"当有人碰到我的痛处时,我不跟人打架",但另一种较好的方式是,做某件事来代替打架:"在街上有人想要找我打架时,我会立刻走开。"当然也有一些例外的时候。任务目标如不和品行不佳的同学瞎混、不再欺负其他同学、不做违法事情或其他暴力行为等都可以用否定的形式来描述。但是,对具体的情境目标来说,正向的替代方法是特别重要的。如,有一位学生的辅导目标是不再打架,而情境目标之一便是当其他同学嘲笑他时,他要能够学会控制自己的情绪,向同学们指出,他们这样说是不对的,希望他们能够尊重别人,并礼貌地指出如果再发生这种情况,就会向老师报告。再如某任务目标是不再逃课,那么情境目标就可以是,如果自己不喜欢的老师来上课(目前碰到这种情况他都会逃课),他便提前告诉父母或者与班主任老师沟通。

(二)制订目标过程中的原则

在制订目标的过程中需要注意的原则可以简要归纳为以下几点：包括成员本人及其重要他人、确定此目标对成员本人是很重要的；适当的困难；能得到适当的帮助；确定达成目标过程中的风险以及确定目标的设定范围。

1. 制订目标时需包括成员本人及其重要他人

小组团体可以提供很多想法，所以每个人都有很多的目标可以选择。团体越能一起投入制订目标，就会有越多的目标可供选择，达成目标的可能性也会增加。有经验的小组成员可以作为没经验的小组成员的榜样，特别是在开放式团体中。

只有作为当事人的成员本人能投入制订目标的过程中，目标才会成为成员自己的目标，他达成目标的动机也才会提高。所以，虽然辅导教师可以鼓励其他小组成员多建议一些可能的目标，辅导教师也可以提出一些目标作为范例，但是关键的是每个成员本人都应该自己决定自己的目标。

在合适并且条件允许的情况下，辅导教师可以让家长与老师及相关人员也一起参与目标制订的过程中。小组成员必须首先把阐述目标的标准告诉这些重要他人，如果成员和重要他人的沟通技巧尚嫌不足，辅导教师可以扮演中间人。小组成员所设定的行为改变目标，如果有许多重要他人来评论，对于该小组成员本人而言将会是非常麻烦或痛苦的，所以在选择和制订目标时有必要考虑到他们的一些反应。如果他们是在小组辅导早期就加入了，那么到了介入过程时他们就可能会比较合作。辅导教师可以鼓励成员和其重要他人一起商讨最终目标的具体内容，可以给成员布置家庭作业，让他问家长、老师或其他重要他人，他们觉得哪个目标适合他。

2. 确定目标的重要性

重要的目标可以带来比目前状态更好的长期结果，重要的目标是那些家长与重要他人也关心的事情。成员在面对必须阐述某些事情的压力时，经常会随意找个不经过大脑思考的目标。虽然辅导教师不一定总是知道什么目标是小组成员随意设定的，什么又是重要的目标，但是起码要询问成员本人，他设定的目标是否有其重要性，以及为什么。

3. 确定适当的困难

通常,谁也不知道在目标制订之后会遇到什么样的困难,但是至少在规划每一个目标时成员应该考虑到难度的问题。虽然,制定的目标必须有点难度,使人觉得达成这项目标具有挑战性,但是也不能难到即使接受了培训也还是没有办法在限定时间内达成。而且,在小组辅导一开始,需要在缓慢渐进地建立情境或中介目标时,帮助小组成员增加成功的经验,这样会比设立急迫的目标更加有效。况且,大多数急迫的目标是很难成功达成的。

4. 确定可用的资源

Gambrill 指出,目标应该设立在小组成员的优势上,而不是仅仅设立在个人的缺点或问题上。因为制订的目标是否符合现实是衡量小组成员在朝目标前进时可供运用的个人和环境资源、可能遭遇到的障碍或长短期的结果的依据。在陈述目标时,同时应该考虑成员本人的技巧和资源。这类信息有助于确定该目标是否符合现实的情况。

5. 确定目标达成过程中的风险

小组成员在实现目标的过程中经常会遇到一些风险,因此就有必要明确自己能承受什么程度的风险。确定事情正在发生一些改变时,成员冒些风险是必要的,而不愿冒风险可能是一再冒险却失败的结果。有些小组成员不愿尝试任何新的或有挑战性的事情,其主要原因就是不愿冒险,害怕所有不熟悉的情境。在这种情况下,辅导教师应该主张渐进地设立较具挑战性的目标,同时小组内的其他成员应给予该成员一定的帮助和鼓励。在讨论风险时,小组成员必须比较如果继续运用现在的反应模式将会碰到的风险和采用新的反应可能会遭遇到的风险。

6. 确定目标的设定范围

如果小组成员所设定的目标是伤害他人,他就不会得到辅导教师或其他成员的帮助。小组辅导目标的内容受到道德伦理的限制,如果某个成员的目标是要父母听从他的意见和命令,那么辅导教师和所有一起讨论这个目标的人都认为这样做是不公平的,并且是在操纵父母的,因此,就不会帮助或支持该成员。

在任何小组辅导的首次辅导中,辅导教师都需要向小组成员澄清小组团体的辅导目标,这样做可以使辅导教师确保目标是清晰的,并且是和成员的所想或期望是一致的。有时,小组团体中即将发生的情况是由辅导教师来决定的,比如某些任务团体。在其他情况下,辅导目标主要是由小组成员自己决定。但是,不管谁来决定,重点是在初次辅导中必须要澄清小组团体的辅导目标。

(三)关于目标的常见问题

关于小组辅导的目标,常常会出现一些问题,虽然其中有些问题看似相同,但每一个目标事实上还是有一些细微差别的。

1. 小组辅导可否有一个以上的目标?

可以。许多小组辅导都拥有多重目标,例如提供支持、信息和辅导等。价值澄清、提供辅导或求学信息是相容的,并且能够为有效又有趣的小组团体经验铺平道路。比如一个由参加不良团体的青少年组成的小组团体也有多重目标——提供替代团体、冲突调解和信息咨询。

任何小组辅导的第一次辅导都是多目标辅导的一个例子。辅导教师心中至少要有两个目标,一个是介绍小组辅导的总体内容(例如学习习惯、沟通技巧等),另一个是使小组成员明确了解该小组辅导,以及它将如何运作。

2. 每次辅导都必须有个目标吗?

是的。一个优秀的辅导教师应该了解小组辅导的目标,或者每次具体辅导的目标。到目前为止,关于目标的讨论绝大多数都集中在小组辅导的内容和总体目标上,其实也可以更加具体地看待目标。一个目标也许是澄清剩下的辅导将会如何进行;其他目标则是彼此提供反馈,使小组成员可以更好地相互了解,或者讨论一个具体的话题。倘若从整个小组辅导的发展过程来看,既然每个小组辅导都要设定目标,那么每一次的辅导就算没有为该次辅导设定一个目标,但仍是朝向总目标进行的。至于每一次的辅导是否要制订一个目标,就要视小组辅导的性质和辅导教师的风格和习惯而定了。对喜欢结构化的辅导教师来说,很可能他就会设法为每一次辅导订出具体的目标。但对于一些不重结构、任由小组辅导自由发展和定向的辅导教师,他就认为根本没有必要订出具体目标。一位民主的辅导教师往往不喜欢在总目标下再订出每一次辅导的具体目标,一方面,他不愿意由自己随意决定,另一方面,即使是交给小组成员共同制订,也往往会花费不少的时间,而这是很不值得的。

有时,辅导教师、小组成员或者双方可以一起事先确定下次辅导的目标。下面列举的就是一次辅导或者部分辅导可能涉及的目标:

- 寻找快乐
- 提供信息
- 建立信任感
- 增加承诺
- 激发思考
- 讨论小组团体的过程——也就是说,成员之间会发生什么事情
- 讨论小组活动中可能存在的不同价值取向问题
- 完成任务

上述的每一个都可以作为多重目标的一部分,或者一次或几次辅导的唯一目标。假设一位辅导教师发现小组团体内缺乏信任或承诺,他就可能希望用后面辅导的部分时间来关注这些问题,而不是关注诸如个人成长或学会决策等总体目标。

3. 目标可以变更吗?

可以。一般来说,小组团体作为教育、支持或成长团体时,随着团体的发展,成员开始在更加私人化的水平上进行交流。如果辅导教师发现需要转变为咨询团体,那么对他来说,在小组团体中讨论这点是非常有必要的。也许对辅导教师而言,变更团体的最好方式是解释小组团体可以怎么样改变其目标。如果小组团体决定变换重点,辅导教师需要意识到,可能要用一次或两次辅导的时间才能完全改变小组辅导的目标。辅导教师常犯的错误是,在没有通知小组成员的情况下就变更小组辅导的目标,结果就会导致小组成员感到挫败、困惑、担心或厌恶。正如辅导过程中一直强调的,辅导教师和小组成员都要对小组的辅导目标保持清晰的认识,这一点是非常重要的。并且,辅导教师应该在任何需要的时候反复阐述小组的辅导目标。如果辅导教师决定改变目标,则必须确保每个成员都知道他的意图,而且他们也希望改变。

4. 小组辅导能不能没有目标?

小组辅导没有目标是不明智的,因为没有目标的小组辅导通常会由于缺乏兴

趣和努力方向而解散。虽然辅导教师可能会选择将没有预定目标的一群人聚集在一起,但是初次辅导的目标就是要决定以后辅导的目的。事实上,一个没有目标的小组辅导不能真正称之为小组辅导,相反,它更像是一个社交聚会。

5. 如果辅导教师清楚目标,小组成员是否也会清楚?

并非总是如此。一般而言,小组成员对于小组辅导目标有他们自己的想法,而且他们也试图朝此方向来引导小组辅导。此外,有些成员参与小组辅导的原因并不像他们表达的那样,也就是说,他们只是来抱怨、说教或攻击,因而不会遵照辅导教师的方向进行。成员不清楚小组辅导目标的另一个可能的原因是,有些成员很难理解正在发生的一切,由于焦虑,他们因而不能很好地倾听。通过反复重申,辅导教师要尽可能澄清小组的辅导目标。如果有些成员感到困惑,那么辅导教师有两种选择:(1)与那些看上去有些困惑的成员面谈;(2)在小组团体中讨论该问题,这样做通常能够消除困惑。

二、制定辅导计划

在小组辅导开始之前,需要认真地准备小组辅导的计划,而这是非常非常重要的。如柯里所说,"如果你希望小组辅导成功,那么你就需要投入大量的时间进行计划。在我看来,计划应该从草拟一份书面的提议开始"。计划包含两个方面:团体前计划和辅导计划,两者都非常重要。

(一)团体前计划

许多小组辅导之所以不成功,就是因为没有强调团体前计划。在小组辅导开始前制订计划是非常有必要的,因为在小组辅导开始之前,就已存在团体动力了。之前讨论了一些组建小组团体时应当考虑的内容:小组团体应该有多大规模,成员构成是开放式还是封闭式,每次辅导应该持续多久,以及小组团体应当在哪里进行辅导。除此之外,建立一个小组辅导,还需要做出以下四个决定:1. 团体应当有几次辅导? 2. 团体何时辅导? 3. 成员包括哪些人? 4. 如何筛选成员? 关于团体前计划的详细信息可以参考本书第一章第三节和第四节内容。

(二)辅导计划

计划一次具体的辅导包括决定话题和团体活动,以及固定分配给每个成员相同的时间。虽然对于某些成长、支持和咨询团体来说,在最初几次辅导之后不需要较多的计划,但是绝大多数小组辅导都要求安排足够的计划。当成员能理解小组辅导的目标,并在团体中积极讨论自己或与他人相关的问题时,辅导计划的内容可以减少到最少。但是,即使是制订内容很少的计划,辅导教师也需要慎重思考哪一种练习和话题会更有帮助。许多没有经验的辅导教师还没有思考出什么是对成员有意义的,就仓促地进入了小组辅导的开始阶段。当成员无精打采时,说明小组辅导已经变得单调乏味了。如果成员倾向于在团体中不讨论相关问题,而只是单纯地进行练习和参与其他活动,那么小组辅导就需要事先制订计划了。

如果辅导教师有完备的计划,团体中的讨论、教育和工作就会变得更加有效。深思熟虑的辅导教师能够以一种使团体辅导既有趣又有效的方式来组织辅导。

1. 团体阶段的考虑

在计划一次辅导时,要考虑的首要事情之一就是,这次辅导是第一次、第二次,还是已进入结束期,首次、中间的或结束的辅导都是不一样的。在第一次辅导中,辅导教师需要完成小组成员的自我介绍、辅导目标的澄清、积极小组团体基调的建立、帮助成员克服不适感,以及讲解团体规则等。在结束辅导时,辅导教师应当确保成员恰当的言行举止是小组辅导结束时所必需的。

另一个考虑是小组辅导还需要几次辅导。有些小组辅导只有一次辅导,对这类小组辅导而言,其计划显然不同于有十次辅导的小组辅导;对只剩两次辅导的小组辅导,其计划也显然不同于还剩六次或更多次辅导的小组辅导。

2. 计划辅导模式

计划一次辅导时,辅导教师要考虑到辅导的模式。有些小组辅导的辅导模式都是相同的,而且运作状况良好,譬如进展报告、练习、讨论,然后实践新行为以及结束语;或者在第一个小时交流个人问题,然后讨论上周布置给成员的某些话题。而对于其他小组辅导而言,不断变化的辅导模式反而有助于产生良好的辅导结果,因为它可以帮助成员维持较浓厚的兴趣。不断变化的模式,意味着一次辅导可能包括两种不同的练习和一次讨论；而下一次辅导可能包括书写活动、个人分享，然后是一些角色扮演练习；再下一次辅导可能包括欣赏电影的一个片段。每次辅导都安排不同的活动任务可以使小组成员保持兴趣和新奇感。所以在制订计划时，辅导教师应时刻考虑既有模式对成员来说是否还有吸引力。

改变模式的一般方法是运用练习，但是辅导教师首先要确保没有安排过多的活动和练习，而是留出足够的时间让小组成员讨论他们的想法、感受和对练习的反应。记住一条规则：辅导教师应该为辅导计划不同类型的练习活动，因为有些成员对某项练习可能会比其他人有更好的反应。

3. 计划时需预测的问题

辅导教师在计划时还需要预测潜在的问题。举个例子，如果辅导教师要求小组成员在辅导前做些阅读，那么就需要预测到可能有些成员没有完成阅读，并且要准备好处理这类问题的方法，使那些成员不会有疏离感。有时候为某些特殊的成员而增加特别的计划活动，也是非常有必要的。最后，还要有一个备用计划，以应对成员缺席的情况。

4. 计划辅导阶段

我们知道，每一次的辅导一般都有三个阶段：热身或开始阶段、中间或工作阶段，以及结束阶段。在热身或开始阶段中，辅导教师常常请小组成员谈谈上次辅导之后的一些想法或反应，这时辅导教师还需要了解成员的经历和对小组辅导的兴趣，以及他们可能希望谈论的话题或问题。在辅导的中间或工作阶段(如果是在教育或讨论团体中，则称之为中间阶段；在其他团体中则称作工作阶段)中，辅导教师需要引导成员专注于小组的辅导目标。而结束阶段是用来总结并结束一次辅导，在这一阶段中辅导教师要计划设计好一些总结性的活动，帮助小组成员整合在辅导的工作阶段中的所得。

第二节　小组辅导的开始阶段

小组辅导和每次辅导的阶段分类一样,也可分为小组辅导的热身或开始阶段、中间或工作阶段,以及结束阶段。小组辅导的开始阶段,也称之为热身阶段,在本书中指的是小组辅导的第一次和第二次辅导。辅导教师怎样开始第一次辅导,通常为他的小组辅导定下了团体基调和风格。辅导教师在开始阶段的言行慢慢地会影响到小组成员。

因此,无论辅导教师采用什么方法开始,他一定要能有效地在个人的言行态度中表现出对小组成员的尊重、真诚和同感。也有人强调辅导教师的首要任务就是要向成员传达一种温暖而积极的态度,因为那代表了辅导教师对个别成员的关爱和重视。一位成功的辅导教师,不但在举止之间拥有以上特征,而且他说话得体,幽默活泼,生机勃勃。因为他要借此使小组辅导变得有趣和有吸引力。

在开始第一次辅导时,不同的辅导教师有其个人不同的选择。但有些辅导教师的处理方法十分不恰当,以致成员在开始阶段就觉得小组辅导是沉闷乏味的,因而很快便退出小组辅导。例如,有些辅导教师选择使用平铺直叙的手法来开始一次辅导,他们重提团体规则,通常使小组辅导变得死气沉沉,小组成员都正襟危坐,变得万分严肃和拘谨。以此作为开始的小组辅导使辅导教师变成了教导者和权威者,非常不利于小组辅导工作的开展。

任何小组辅导的第一次和第二次辅导通常都是最重要,也是最难进行的。第一次辅导重要是因为有许多动力学和逻辑学的问题需要处理:小组辅导开始,要向小组成员介绍团体内容,监控学生对成为小组成员的感受,以及对团体内容的反应。

第一次辅导时可能包含的目标有:

1. 介绍小组成员互相认识,并且让成员对辅导教师有初步的认识。

2. 重申举办小组辅导的目的。

3. 强调保密的重要性,并要求成员严加遵守。

4. 协助成员表达个人对团体的感受。假如团体开始之前没有进行辅导,就更要了解成员过去的团体经历是怎么样的。

5. 澄清辅导教师的工作、职务以及各种帮助成员的方法。

6. 说明成员的责任,以及他们应有的言行。

7. 对影响小组团体有效运作的事物直接作出处理。

8. 开始鼓励成员之间的互动,使得成员在团体中不只和辅导教师讨论。

9. 引导与建立温暖、自由、支持性的气氛,让成员感到安全,逐渐信任并坦诚开放自己。

10. 帮助成员为将来的工作建立一个常识性计划。

11. 澄清成员和辅导教师彼此之间的期望。例如,成员对辅导教师有什么期望?而辅导教师期望成员如何参与(例如,经常并准时出席讨论)?这些关乎组织和结构上的规则和条例,也是工作契约的一部分。或让成员对下一个步骤达到协调的意见,例如,这是否是大家下星期希望讨论的主题和要点?

12. 开始鼓励成员作出真实的反馈,并忠实地对团体活动有效与否作出评估。

13. 辅导结束前邀请个人表达个人感受,并为大家积极投入日后的活动作准备。

14. 若成员对团体的任何方面有意见,要及时讨论,并作出处理。例如,如果成员认为辅导地点冷气不足、空气不流通,就应该及时改善。

15. 在必要时,改变成员对小组辅导的错误观念,提供相应资料,做适当教诲。

16. 自然地表现出具有辅导功能的态度和行为的成员可以作为其他成员的典范,并逐渐使之成为团体常用模式。

一、关于小组辅导的相关解释

(一)澄清小组辅导目标

在第一、二次辅导中,辅导教师需要澄清小组辅导的目标。如果没有筛选面谈,澄清就显得更为重要。即使辅导教师进行了筛选，并且已经讨论过小组辅导目标，那么重申小组辅导的目标仍然是一个好办法。在第二次辅导以后，就不需要再重申辅导目标了，除非是有新成员加入或在团体成长过程中小组辅导的目标发生了改变。

(二) 解释辅导教师的角色

在第一次辅导中，辅导教师应当对自己在整个辅导中承担的角色加以解释：教育者、资源提供者、活跃的辅导教师，或是其中的一些。解释有助于小组成员对辅导教师的行为产生合理期待。

(三) 解释团体将会如何进行

澄清了辅导目标和辅导教师的角色之后，紧接着需要解释在辅导中会发生什么。辅导教师应当澄清，在第一次辅导中他计划如何引导团体。描述团体中将要发生的各种讨论和活动，将会帮助成员减轻紧张感并保证辅导的顺利进行。如果小组辅导有特别的运作模式，辅导教师也需要进行解释。

在某些小组辅导中，辅导教师会通知小组成员，要求他们完成某些特定的团体练习。有时，小组团体会因此而变得紧张。辅导教师要解释他会如何帮助那些在团体中提出问题并寻求解决的人。在第一、二次辅导中了解这些情况，有助于每个成员都清楚地知道，在小组团体中将会发生什么。这样做还有一个好处就是，辅导教师可以及早地知道决定放弃小组辅导的成员。因为有些成员在了解情况之后，可能会决定放弃小组辅导，如果成员决定放弃小组辅导，辅导教师就需要弄清其中的原因，并根据原因，决定是否鼓励该成员留下。辅导教师不会强迫一个已经明确表示要参与另一个不同小组团体的成员留下，但是他会尽量鼓励一个担心在小组辅导中会有不愉快事情发生的成员留下。这通常需要在私下与想要离开的成员进行讨论。但是，有时辅导教师认为在团体中讨论这个问题具有一定的意义，因而也会选择在团体中进行说明。

讨论小组团体将如何进行，还包括讨论一个支持、成长或咨询团体中潜在的风险，因为小组团体要提供的是生活变化的历程。成员需要知道，他们有可能会回想起一些他们自己过去令人不愉快的事，而且他们会被告知在如何看待自己、如何处理问题、如何与其他人互动中，将会面临一些什么样的挑战。

（四）解释团体规则

关于团体规则,需要考虑搭配很多事情,比如规则是什么、谁制定规则、什么时候讨论规则以及怎样讨论规则。

1. 规则是什么

所有的小组团体都有一些关于参加,迟到,合作,对他人保持敏感,不能同时说话,在辅导过程中不能吃东西、抽烟和喝酒的规则。大多数成长、支持和咨询团体都有不得攻击他人、把他人置于危险情景以及为他人隐私保密的规则。

2. 谁制定规则

大多数案例中,辅导教师制定规则,因为辅导教师更理解小组团体,并且知道需要制定什么规则才能保证团体的成效。有时候,辅导教师将制定规则的过程作为团体的讨论活动,这可能是一个错误,因为某些必需的规则可能会被成员认为是不重要的,也会占用那些本可以花在明确辅导目标上的宝贵时间。

3. 团体规则应当在什么时候讨论

一种可取的做法是在需要时才讨论,而不是公开地讨论。对一些小组团体而言,在开始就提出规则是好的(对小学生或初中生组成的团体而言尤其如此);但是对另一些团体,过早地提出是一个错误。如果这样,成员会感觉很无聊或者期待某些事情的发生。而且,在开始就呈现团体规则,可能会奠定一种消极的基调。

4. 规则应当如何讨论

关于团体规则的任何陈述和讨论应当在一种愉快而积极的环境下进行。在小组辅导期间,不许吃东西、喝酒或者抽烟,按时出席,不攻击他人或者把他人置于危险状态等规则可以简明扼要地讨论,因为这些规则是辅导教师可以决定的规则。关于保密的规则就需要更多的注意,因为要让每个人明白这意味着什么,并请每个人都同意保密,这是非常重要的。辅导教师要得到每个成员的承诺,承诺他们会保守秘密。

新手辅导教师常犯的错误是:讨论规则的时间过长。如讨论规则15~20分钟,但这样做是没有必要的,而且还会转移辅导目标。在许多团体中,辅导教师决定团体规则并直接告知小组成员是较为合适的,并且是有益的。

(五) 解释专业术语

如果辅导教师打算使用专业术语,他应当向成员做出解释。一些可能会让成员模糊的专业术语,包括轮流发言、两两组对和练习等,辅导教师可以在解释领导角色,或者其他适当的时候,比如专业术语自然出现时,解释这些术语。在第一、二次辅导中解释专业术语会降低这些术语再次出现时引起混淆或误解的几率。

二、针对小组成员的一些关注点进行解释

(一) 帮助成员表达期待

在第一次辅导中,让成员分享他们对小组辅导的期待是非常有益的。用这种方法,辅导教师可以了解成员想要什么,并通过对话进一步澄清小组辅导的目标。如果成员的目标和团体的目标是一致的,那么辅导教师会扩展成员的期待。有时候辅导教师还需要指出,因为团体结构和目标的局限,某些期待在现有的小组辅导中将不能得到满足。

小组成员在参加第一次辅导时都会有期待,但有时这种期待和小组团体的目标并不符合。如果出现这种情况,辅导教师就需要重申小组辅导目标。如果有成员坚持自己的期待,辅导教师可以让其他成员两两组对,讨论他们来这儿的目的或者其他一些相关问题。而辅导教师自己则与该成员组对——这可以避免在小组辅导开始之前进行长时间的可能会引起消极基调的讨论或争辩。

在帮助小组成员表达期待问题时,辅导教师可能会犯一些错误,比如用一半甚至3/4的辅导时间讨论诸如"你希望从团体中获得什么"的问题;但辅导教师有义务讨论每一种期待。但用于表达期待的时间不应超过8~10分钟,通常要少于5分钟。辅导教师常犯的错误有:当小组成员真的不知道他们的期待是什么的时候,询问他们的期待。例如,对于那些是被迫参加的成员,或者是为了逃避上课或工作而参加小组辅导的成员,询问他们的期待时,就会出现成员没有什么准备,或者没有回应,或者回应的内容跟小组辅导目标根本不相符的情况。

(二) 在第一次辅导引导成员发言

在第一、二次辅导中,辅导教师要尽力保证每一个成员都有机会发言。辅导教

师不需要强迫每一个成员说话,而是应当让成员感受到如果他们愿意参加就可以参与进来的自由。小组成员如果认为没有机会表达他们的想法、感受或者意见,就会产生被排斥的感觉。

成长、支持或咨询团体的第一次辅导,只要有机会,辅导教师都应该让每一个小组成员都参与分享,因为这有利于减少团体中的焦虑。又由于小组成员通常会对团体中的其他小组成员感到好奇,因此适当的暴露会使成员感觉舒适。但是,需要注意的是,一些小组成员可能会因为感觉不舒服或者害怕而在第一次辅导中不会分享很多内容。

在第一次辅导中,促使小组成员进行分享的两种最好的方法是:使用书写练习和轮流发言。书写练习,比如句子填空或列表,是一种极好的活动,因为邀请他们分享所写内容的时候,小组成员通常会感觉到相当舒适和安心。轮流发言也是个好方法,要求每一个小组成员用一个词、一句话或者一个数字对某个问题进行回应,比如,"在 1~10 的等级量表中,10 表示非常舒适,那么你在这个团体中的舒适程度用哪个数字来描述会比较确切?"

(三)评估小组成员的互动风格

在第一次辅导期间,辅导教师要注意小组成员在团体中不同的互动方式,这对于领导现在的辅导和未来的辅导都是非常有帮助的。每个成员都有自己的风格或者行为方式,一些成员可能非常安静,另一些可能会喜欢支配他人,一些人具有支持性,还有一些人可能具有批判性。辅导教师根据这些风格来调整辅导计划。那些没有对成员互动风格做出顺利评估的辅导教师,在领导团体过程中可能会面临更多困难。

辅导教师可以通过注意成员说话的内容、方式以及说话频率来了解成员的互动风格。通常,新手辅导教师只将关注点放在团体内容上,没有观察到有些小组成员没有参与到团体中,或者有些小组成员在支配他人。

(四)使用阻止技术

在第一次辅导中,阻止小组成员支配或攻击其他小组成员是非常重要的。如果辅导教师不制止这些成员,其他成员就可能会感觉受到了威胁或者不安,因为他们没有机会为团体出力。辅导教师必须准备使用阻止技术。有时候,在第一次辅导的过程中,辅导教师应当解释他为什么会阻止成员说话。

对一个辅导教师而言,阻止是一个非常必要的技巧。一个好的辅导教师必须时刻准备着关注那些比较消极、对他人怀有敌意或者试图支配他人的小组成员,并能注意到团体已偏离了主题。

(五)让小组成员注视小组其他成员

通常,除非辅导教师鼓励成员面向全体小组成员谈论,否则他们只和辅导教师说话。让成员互相注视是绝对有必要的,因为这将有助于成员参与到团体,建立团体凝聚力,营造一种团体归属感的氛围。为了让小组成员注视整个团体,或者避免他们只注视辅导教师,如下一些措施可能会用到:

1. 辅导教师可以在小组辅导开始之时明确表明,希望小组成员在谈论的时候,面向整个团体说话,而不是只看着辅导教师。

2. 辅导教师可以向团体内的成员解释,到时轮到成员发言时,自己的目光会扫视整个团体,当自己的视线扫视整个团体时,也就是提示发言的成员,他需要面向其他的成员发表言论。

3. 辅导教师可以用手势表明成员需要面向其他的成员发表意见。

三、营造积极的团体基调

在第一、二次辅导中,辅导教师还有一个非常重要的任务——为团体营造一种积极的基调。在开始阶段,尤其是在第一次辅导中,小组成员往往会焦虑、害怕和疑惑,或多或少地会出现抗拒。他们内心充满了矛盾,各种各样的问题在脑海中闪现,比如:我是否能被人接纳?我是否可以直接讲出我的感受,还是要委婉措辞,以免冒犯他人?倘若我发现自己不正常时,怎么办?等等。

基调是指团体的主要氛围。它有几个要素,分别包括辅导教师的热情、成员在团体中的舒适感和信任感。辅导教师可以通过热情的表现引导成员开放、阻止敌意或者否定反应、保持感兴趣的话题、当话题变得不相关或者只有部分成员对某个话题感兴趣时及时转移话题,从而营造一种积极的基调。

在第一次辅导中,团体的焦点不是消极的成员或消极的问题。抱怨参与该团体或质疑团体价值都会促使团体产生消极的基调,一旦产生消极基调就很难改变。允许成员之间毫无节制的敌意或过于积极的互动也会形成消极的基调。当然,有时也要致力于处理这些动力问题,但是辅导教师必须确保大多数时间是以积极的方式在分享和讨论。如果在最初的一到两次辅导中建立了消极的基调,在以后的辅导中成员通常将无法建立彼此之间的信任,并且不愿意分享个人信息,他们会感到团体是一个"咬人"的地方,或者他们将关注点放在他人身上,或者他们害怕被团体攻击。

在非自愿小组团体中营造积极的基调更是非常重要的事情。非自愿小组团体的辅导教师需要做好准备应对那些不合作或有敌意的成员,他们是导致小组团体出现消极基调的重要原因。辅导教师需要相当镇定冷静,同时也要表现出关注和理解。领导一个非自愿小组团体,需要辅导教师设计一个好的开场白,能够立刻吸引小组成员的注意和兴趣。举个例子,在网络成瘾的学生参加的小组团体中,辅导教师放了一个垃圾桶,然后对所有小组成员说:"我知道你们不想待在这儿,所以现在我要你们把所有的抱怨都发泄到垃圾桶中,然后用盖子盖住。你们有10分钟的时间可以抱怨。"时间一到,辅导教师就让成员停下,并盖上盖子,说道:"让我们一起为我们的团体起个名字吧。"最后起名为"草原雄鹰",但事实上团体和草原或雄鹰没有一点儿关系。然而这样做让团体有了一个非常有趣的开始,小组成员很快就能参与到团体中,并且充满了好奇。

总之,为小组团体营造积极的基调,"要做到的"包括:让每一个小组成员都有机会进行分享;富有热情;热心而有亲和力;创造性地对待非自愿小组团体;较早掌握主动权,让小组成员看到辅导教师才是团体的负责人,同时辅导教师自己也要知道自己在做什么。"不能做到的"包括:在辅导开始时关注消极问题;让某个小组成员占据支配地位;以枯燥的团体规范开始一次辅导;让小组成员互相攻击;以权威的口气或者命令的形式开展辅导。

四、核对舒适度

在支持、成长或咨询团体的第一次辅导中,小组成员感觉不安或者不舒适是非常常见的。为了减少这种不适感,辅导教师需要花几分钟关注舒适度的问题。通过询问小组成员的舒适度,辅导教师让小组成员知道他已经意识到他们的焦虑,而且这些焦虑是在预料之中的。此外,了解到小组其他成员也有焦虑,该小组成员会感到焦虑不是自己独有的,从而缓解自己的焦虑。如果小组成员感觉非常不舒服,辅导教师需要在热身阶段,即在最初的半小时之内引入使人舒适的话题。如果辅导教师在开始时没有讨论舒适度,也可以在辅导的其他时间再提及,可以这样说,"让我们在团体中花几分钟的时间,关注一下有关舒适度的问题"。

通过分享感受,知道其他人也同样感觉不舒服,能够帮助该小组成员缓解这种不舒服感。同时,辅导教师也能更好地了解该小组成员不舒服的原因。辅导教师会选择不催促那些感觉非常不舒服的小组成员发言,因为关注他们反而会使他们更加不舒服。在这个时候,辅导教师应确保自己不会做任何可能增加小组成员不舒适感的事情。

如果小组成员在团体外就已经认识,比如在学校里,那么他们的舒适度水平也可能会比较低。在这些团体中,有些小组成员会感觉其他人不喜欢他们,或者认为分享会影响他们在团体外的关系。如果辅导教师感觉到了这些小组成员的不舒适,就应该额外用一些时间,通过团体讨论或者练习、轮流发言和组对让小组成员分享感受,尽可能地提高团体的舒适水平。

五、其他注意事项

在许多小组辅导的第一次辅导中,可能会出现关注某个小组成员的想法、观点、故事或担忧。在教育、讨论和任务团体中,将焦点固定在一个问题上,并停留较长一段时间,这是可以接受的。但是,在大多数支持、成长和咨询团体中,用超过15~20分钟的时间关注某一个小组成员,并不是一种明智的做法。第一次辅导的目标是让小组成员有机会分享他们的担忧并互相认识。关注某一个小组成员可能会导致其他小组成员产生排斥感。另一个还需注意的原因是,在第一次辅导中,只关注一个小组成员的问题是不合适的,这是因为,有可能该小组成员还没有准备好接受较深层次的辅导。

在第一次辅导中讨论某一个主题也是不合适的。新手辅导教师可能会错误地关注任何被提起的一个主题，或者及早地关注那些当前讨论它们的条件尚不完全具备的主题。比如，在成长或者咨询团体的第一次辅导中，性和死亡都是不合适的主题。辅导教师通常在至少两至三次的辅导之后才会涉及这类话题。

六、第一次辅导的结束和评估

（一）结束第一次辅导

结束第一次辅导和结束其他任何一次辅导是相似的，除非辅导教师想用更多的时间来倾听小组成员的反应、可能需要澄清的问题或内容。根据团体类型，在第一次辅导将要结束时，辅导教师可能会要问下面一些问题：

你对这次辅导有什么感受？在这里发生的事与你想象的有什么不一样吗？对你而言，你印象最深刻的事情是什么？有没有一些你不理解或不喜欢的事情发生？关于小组辅导、辅导目标、将要发生的一切，你有没有什么问题？今天，你从小组团体学到了什么？

第一次辅导结束后，辅导教师需要再次讨论小组辅导目标和小组团体未来可能的发展。

（二）评估第一次辅导

在第一次辅导结束以后，辅导教师应当总结小组团体的成功经验。如果第一次辅导没有很顺利地进行，辅导教师也要评估不成功的原因。下面是可能导致第一次辅导不成功的原因：

- 小组成员害怕讲话或者分享。
- 小组成员对小组辅导目标感到困惑。
- 小组辅导是在一个糟糕的时间内进行的。
- 小组成员迟到并打断了小组辅导的进行。
- 文化或者性别的问题阻碍了小组成员的投入。
- 辅导教师不清楚小组辅导的目标和小组成员的需求。
- 用来进行辅导的房间传声效果很差。

- 小组成员是被迫参加小组辅导的。
- 小组成员对辅导教师产生消极反应。
- 没有制订好辅导计划。
- 焦点迅速地从一个主题转移到另一个主题。
- 焦点集中在一个小组成员或一个主题上过久。
- 在热身活动中花费的时间太多或太少。

如果第一次辅导没有很好地开展,那么就需要更细致地计划第二次辅导。如果有必要,请那些不适合的小组成员退出小组辅导。辅导教师可能还需要改变辅导场所、时间或者内容。不幸的是,许多新手辅导教师没有花时间好好想想小组辅导为什么会没有很好地开展下去,而且还会在没有很好地改善第一次辅导的情况下,就进入第二次的辅导。

七、第二次辅导的相关内容

开始第二次辅导时要考虑的两个重要内容是:介绍新成员、总结第一次辅导的成功之处。

(一)介绍新小组成员

如果有新的小组成员加入小组辅导中,那么从介绍新成员开始通常是一个比较好的办法。辅导教师介绍新成员的方式,可以使新成员有机会了解到之前在辅导中发生的事情,同时也认识了其他小组成员。对其他小组成员而言,这种介绍也是一种复习。

比如辅导教师可以选择这样的方式:"这是×××,上个星期他没能来参加我们的辅导。为了让他跟上我们的团体进度,我想请你们分享一到两件我们在上星期讨论过的、给你们留下深刻印象的事情。同时,还要说出你们的名字。"

(二)第一次辅导的成功方面

如果第一次辅导是成功的,也有助于营造积极的氛围,辅导教师就可以计划一个简单的热身活动,然后转移到辅导内容上。另一方面,如果第一次辅导没有很顺利地进行,辅导教师有三种选择:(1)重新阐述小组辅导的目标,不要尝试说出第一次辅导中的任何消极事件;(2)讲述第一次辅导不成功的方面,保证未来的辅导不会和第一次相似;(3)引出小组成员对第一次辅导的反应。通过讲述存在的不足,辅导教师会认识到第一次辅导的不足,并找出使小组辅导更好地开展下去的方法。

在设计第二次辅导的时候,辅导教师需要考虑第一次辅导的成功之处。辅导教师需要注意,在第二次辅导中,重申小组辅导目标也是很有必要的,并且也很有好处。如果可能,辅导教师要早点到第二次辅导的现场,在全部小组成员到达之前与小组成员进行一次非正式的交谈。因为这样可以使辅导教师了解小组成员对第一次辅导的想法,也给辅导教师一个机会回答关于小组辅导的问题,以及更好地了解小组成员。

(三)为潜在的失望做好计划

一位有经验的辅导教师应该预料到,在第二次辅导中可能会存在失望。新手辅导教师的一个常见错误是认为在第一次辅导中小组成员表现出来的兴奋状态会在第二次辅导中依旧出现。他们没有预料到,在第二次辅导中,小组成员可能会有不同的反应状态。小组成员的反应发生改变的一个原因是,第一次辅导多数是围绕着小组成员互相熟悉、讨论他们来参加这个小组辅导的原因、他们的期望以及团体结构和规则。除了这些主题,第一次辅导还可能会涉及一些其他令人愉快和兴奋的事情。

在第二次辅导中,把关注点转移到小组成员的个人分享,小组成员可能会对这样的参与感到焦虑。他们对互动变得犹豫,因而失望,这经常会让新手辅导教师感到困惑和惊惶。为了防止出现失望,在第二次辅导开始时,辅导教师要告诉小组成员这次辅导可能会使他们感觉没有第一次那样热情洋溢,并且可能还会有一点不安。如果合适的话,辅导教师可以在下一次辅导之前,布置一些任务请小组成员完成。这有助于保持第二次辅导的有趣性,并使小组成员之间充满热情。辅导教师可用于防止失望最重要的办法是,从第一次辅导中吸取经验并在此基础上设计一个好的辅导计划。

(四)结束第二次辅导

辅导教师应当计划花额外的几分钟来结束第二次辅导。在结束阶段,辅导教师要听小组成员谈谈他们是否感觉到有帮助,以及哪些活动有帮助,哪些没有帮助。请小组成员轮流描述他们对团体的积极或消极的反应,是一个非常有价值的结束活动。

第三节 小组辅导的工作阶段

当经历了开始阶段的冲突矛盾和对质之后,小组辅导逐渐地在挣扎中建立起了团体凝聚力。在工作阶段中,小组内的成员之间已经产生了彼此间的信任,团体变得成熟,并且发挥着积极的辅导功能。

在小组辅导中,与个体辅导相似的团体辅导关系也有着更广泛的含义:它不仅包括小组成员和辅导教师之间的关系,还包括团体和其成员之间的关系,同时还包括小组成员和整个团体的关系。尽管可能存在语义上的混淆,但所有这些因素均可称为团体凝聚力。

团体凝聚力不仅仅其自身是一种非常有效的积极力量,更为重要的是,它是其他有效性因素起作用的先决条件。测量凝聚力的方法有很多,而对其的定义主要取决于所采用的方法。有人认为凝聚力泛指小组成员留在团体中的所有力量的综合,或者,简单地说,是一个团体对小组成员的吸引力。它指小组成员在团体中能感觉到温暖,舒心,有归属感、团体的价值感,并感受到自身的价值,以及被小组其他成员无条件地接受和支持。

有研究认为,"凝聚力就像尊严那样:每个人都能认识它,但很显然,没有人能描述它,更无法测量它"。凝聚力具有一种重叠的维度,一方面指一种团体象征——彻底的团体精神;另一方面指个人凝聚力,或者更严格地说,是团体对个体的吸引力。

团体精神和个体凝聚力相互依赖,而团体凝聚力经常只是通过团体对个体的吸引力水平的简单累加而得出。评定团结凝聚力较为新颖的方法是评估团体氛围的等级,这不仅使数量更精确,而且并没有忽视团体精神是个体归属感的产物和总和。但必须牢记的是,团体对小组不同的成员的吸引力是不同的,凝聚力也是不固定的,并非一旦达到就永久存在,而是在小组辅导过程中,存在很大的变数。成员个体的归属感和其对整个团体投入程度的评价之间有很大的差异。有些小组成员会感觉到"小组辅导进行得很顺利,但我不是他们中的一员"。

辅导教师和小组成员之间充满信任、温暖、共情、理解以及接纳的辅导关系有助于小组辅导的成功。那些有很强烈的团结意识的小组成员对团体有较高的评价,而且能抵抗来自团体内部和外部的威胁,保护团体不受侵犯。这样的团体和那些团体精神缺乏的团体相比,往往有较高的出勤率、参与度以及更多相互间的支持,同时在更大程度上能保持团体规范。

小组成员彼此之间有着各式各样丰富的意义。小组辅导团体最初被认为是无足轻重的人为组成的团体,事实上它的重要性日益突出。不管小组成员曾有怎样的生活经历,只要其能遵从团体的进程规范,就会被团体接纳。小组辅导中很多辅导因素是相互依赖的,辅导过程中重要的是将自己的内心世界和他人进行情感交流,然后自己被他人接纳。被他人所接纳,使小组成员开始对原先坚信自己是令人讨厌、不被接受、不被爱的信念产生怀疑。

归属于某一个团体,对成员个体的发展有着不可忽视的重要性。例如,对小组成员的自尊心和健康而言,没有什么比被某些社会团体所接受和纳入更为重要的了,也没有什么比被排除在外更具毁灭性。

团体凝聚力的基本因素

凝聚力似乎是小组辅导起作用的重要因素。有凝聚力的团体,小组成员彼此之间相互接纳和相互支持,渐渐地,在小组团体中发展出有意义的关系。小组成员在有凝聚力的团体中的角色会大大影响其自尊。在团体中获得的、被大家推崇的社交行为,使成员个体在小组辅导外更能适应社会;在接纳及理解的环境中,小组成员会更愿意表达自己、探索自己,渐渐觉察到以前不被接纳的自我部分,并加以整合,与他人发展更深的联系。团体的稳定性对小组辅导的成功十分关键:早期退出的小组成员无法从小组辅导中获益,同时也妨碍了小组其他成员的进步。凝聚力有助于自我坦露以及在团体中建设性地表达冲突，而这些现象都会促使小组辅导的成功。以下是关于几个主要因素的概述：

（一）自尊、受众人尊重及有效性改变

关于小组辅导的研究并不是探讨受众人尊重和自尊之间的关系，但也有一些有趣的发现，即受众人尊重的程度降低，自尊的程度也会随之下降。小组成员越低估自己受众人尊重的程度，就越会被团体所接纳。换言之，揭示自己不足的态度，或甚至对自己略为苛刻的批判，会增进自己受众人尊重的程度。一定程度内的谦逊远比傲慢、自大更容易让人适应环境。

受欢迎程度是和受众人尊重密切相关的一个变量。在小组辅导早期受众人尊重程度较高者，其辅导效果会较好。那么小组辅导中哪些因素会影响受欢迎程度？以下是三个和效果没有显著相关，却和受欢迎程度有显著关系的变量：

1. 先前的自我暴露

2. 人际和谐。当人际需求恰好与其他小组成员的人际需求相吻合，该小组成员就会成为团体中受欢迎的人物。

3. 其他社会计量方式，如常被选为玩伴，或与同学相处良好者在团体中会受到欢迎。

一项对最受欢迎与最不受欢迎小组成员的研究发现，受欢迎的成员往往是智商高及内省能力强的人。他们在团体早期，当辅导教师未能担当传统的领导者角色时，会填补领导者角色的空缺。最不受欢迎的小组成员则是明显的僵化，道貌岸然，很少自我反省且较少参与团体活动的人。有些人明显地偏离团体，他们攻击团体，将自己与团体隔离开来。

（二）出勤率

持续参加小组辅导是很有必要的，虽然这不是成功的充分条件，但却是必要条件。较低的出勤率会使小组辅导付出高昂的代价，辅导教师必须在早期就努力提升凝聚力，这些策略包括强有力的前提预备、同质性的小组成员组成及结构性干预。在小组辅导中，早早就结束的小组成员很少能从小组辅导中获益。50多位在小组辅导的前12次辅导中放弃继续辅导的小组成员表示，他们之所以会如此做是因为

他们在团体中遇到了些压力。他们对自己的团体体验感到不满意,而且自身也没有一点进步。事实上,其中有许多小组成员反而感觉变得更糟糕了。然而,小组成员如果在团体中至少待上几个月,就很有可能(大概85%)能从小组辅导中获益。

小组成员的稳定性是长期互动式小组辅导取得成功的必要条件。虽然大多数小组团体在最初会经历不稳定的阶段,一些小组成员会中途退出,一些新成员会取而代之。但在经过了这个阶段之后,团体通常会进入一个较长的、稳定的阶段,而真正的辅导工作就发生在此阶段中。有些团体可能很快就会进入稳定阶段,而其他团体可能根本不会达到稳定状态。小组成员常常自发地强调稳定的重要性,小组成员越被团体吸引,继续参与小组辅导的可能性就会越高。

(三)团体凝聚力和敌意的表达

在凝聚力强的团体中,不仅小组成员彼此之间较容易地就能表达敌意,而且对辅导教师也更能表达敌意。辅导教师无论个人风格和技巧如何,常常能在前几次辅导中感受到小组成员对辅导教师的敌意与愤怒,因为辅导教师没有满足小组成员幻想式的期望,而且也不够照顾小组成员,没有给予足够的指导。如果小组成员对此失望和愤怒,并加以逃避的话,可能会招致一些伤害性的后果。他们也许会攻击其他无辜的小组成员,也许会压抑自己的愤怒,使自己内心或整个团体内部蔓延不祥的气氛。简而言之,他们也许开始形成不公开表达自己感受的团体规范。

对辅导教师表达负性感受的团体,通常也会因此而变得更坚强。这对于直接沟通是一种很好的练习,并能带来重要的学习经验,即直接表达敌意并未引起无法挽回的不幸事件。当辅导教师是真正的愤怒对象时,最好是直接和辅导教师对质,而不是把愤怒转向其他的小组成员。况且,辅导教师比团体中的其他任何一个小组成员更能承受对质。众人攻击辅导教师,而辅导教师以不防卫、不报复的态度处理,这会使得团体的凝聚力进一步增强。

诚然,把"凝聚力"和"舒适"画等号是个错误。虽然有凝聚力的团体可能显得比较能接纳、亲近和理解,但是这种团体也会允许敌意及冲突的发展和表达。除非能公开表达敌意,否则持续且隐蔽的敌对态度可能会对凝聚力的发展和有效的人际学习有所妨碍。没有表达出来的敌意会积压在心底,以各种间接的方式流露出来,而这些都不利于团体的辅导过程。要和一个你不喜欢甚至恨的人很真诚地持续沟通是很不容易的。这种情况下大多数人会尝试逃避或中断沟通。当沟通的途径被阻断时,解决冲突、个人成长和态度改变的希望也会随之破灭。

(四)其他和辅导相关的因素

有凝聚力团体的小组成员与缺乏凝聚力团体的小组成员相比较有下列不同:

1. 努力影响团体中的其他小组成员;

2. 对团体中其他小组成员的影响持开放态度;

3. 较愿意去倾听别人且更能接纳别人;

4. 在团体中较有安全感,且能消除自己的紧张情绪;

5. 能坚持参加小组辅导;

6. 自我坦露较多;

7. 维护团体规范,且会对偏离团体规范的人施加压力,并且当有小组成员中途退出小组辅导时,不易受到影响。

第四节 小组辅导的结束阶段

收尾或结束阶段是终止小组辅导的阶段。在此阶段中,小组成员分享他的收获和变化,计划如何学以致用、彼此道别并应对小组辅导的结束。对于某些团体,结束是一种情绪性体验;而对于另一些团体,结束仅仅意味着完成了辅导计划。结束阶段的长短取决于团体类型、辅导长度以及团体的发展。对绝大多数团体来说,结束阶段只需要一次辅导即可。

一、辅导的结束

像所有其他团体阶段一样,辅导的结束是小组辅导的重要组成部分。小组辅导是一个高度个体化的过程。每一个小组成员都以个体独特的方式进入团体,参与团体,应用和体验团体。辅导终期也不例外,深刻理解并合理应用辅导终期对团体具有重大推动作用。

结束阶段的计划至关重要,辅导教师常犯的错误是对这一阶段缺乏充分的计划。辅导教师应安排3~10分钟的时间用于总结和推进辅导,应当额外考虑结束第一次和最后一次辅导的计划,使每个人都有机会评论他在团体中的所得或者他印象深刻的事情,这才是结束阶段的良好计划。其他的结束活动包括:请小组成员两两组对讨论他们的收获,或者让每个小组成员大声地承诺这周会做一些不同于以往的事情。

在小组辅导中,只能大致设定小组辅导的持续事件和目标。短期小组辅导能有效地缓解症状,但如果要像缓解症状那样改变小组成员的人格结构,那么大多数小组成员大概要12个月至24个月的辅导时间。另外小组辅导的时间跨度还要视具体组成成员的实际情况而定:有些小组成员在几个月内就能取得很大的进步,而有些小组成员则需要较长时间的辅导;有些小组成员的目标较其他人的目标更远大,有些小组成员有非常明确的辅导目标,他们选择自己在愿意改变的范围内改变自己。其他一些人可能因生活中的重大变故而出现问题。辅导教师大都有这样的经验,帮助小组成员改善到某一程度后,再进一步的改变将会使他变得更加糟糕。

值得注意的是,辅导的结束只是个体成长生涯中的一个阶段。事实上,小组辅导的最主要目标是帮助小组成员在以后的生活中建设性地利用周围环境中的资源。有很多小组成员在离开团体数月或数年后,才领悟到小组成员或辅导教师所解释的重要意义。

小组辅导结束后不仅仅有成长,而且也会出现退步的情况。几乎所有的小组成员在离开团体后,都会出现不同程度的焦虑、抑郁等情感体验。此外,哪怕是很多辅导成功的小组成员,在遭遇一些严重应激事件时,也仍需要辅导教师暂时的帮助。

辅导的结束时机比较个体化。在开放式小组辅导中,有新成员加入团体,也有得到较大改善的小组成员离开团体。辅导教师一而再、再而三地帮助新成员渡过辅导过程中的各个困难阶段。这些活生生的事实让小组成员明白这样一个苦乐参半的事实:虽然自己与辅导教师曾经有过一个真实而有意义的人际关系,但是辅导教师是一位专业人士,他不可能一直作为小组成员永无止境的自我满足的源泉。总有一天,辅导教师会将注意力转移到他人身上。

团体中各个小组成员之间都是相互影响的。如果团体中有一些小组成员离开了,那么留下来的小组成员将怀念他对团体所作的贡献。有学者发现,在团体中待过好几个月或好几年的小组成员,将会掌握很多人际关系和小组辅导的技巧。这些技巧将有助于留下来的小组成员的发展。一旦"资深"小组成员离开团体,马上就有人开始运用他在团体中学到的技巧。小组辅导的成员经常也会成为诊断和推进团体进程的专家。

对于社交鼓励的小组成员来说,他们可能会故意把小组辅导的结束时间往后拖。因为他们将辅导团体看做是社交团体,以便在家庭环境中创建一种新的社交生活。辅导教师必须使他们明白辅导的目的是为了发展自身的社交技巧,同时,辅导教师应该鼓励他们在团体外冒险。有些小组成员为了能在团体中多待一段时间,他们可能会说,多留在团体几个月。但是,假如他们改善的基础已经很牢固,那么通常就不需要延长时间,应当让小组成员认识到这样一个事实:我们永远不能确保万无一失,我们一直都在冒险。

就整个团体而言,改变也是断断续续的。有时候,团体兼顾运作了好几个月,但是小组成员毫无变化。随后,团体内的每个小组成员突然间都有了改善。Rutan打了个恰当的比喻来形容这种情况,即"在战争中建造桥梁"。辅导教师需要花费大量精力建造桥梁,在早期阶段可能会遭受"死伤"(团体人员的流失),但是一旦大桥建成,将方便更多的人到达更有利的位置。

有些小组成员对于被遗弃表现得特别敏感,以至于到团体结束的时候还存在一些问题。这样的小组成员往往自尊心很强,错误地认为如果自己表现出改善,就不会再受到辅导教师的关注,最后,辅导教师就会离开他们。于是他们就刻意隐瞒情况好转的事实。当然,很久之后,他们才会发现这很荒谬:一旦他们真正好转,就无需辅导教师了!

当团体对小组成员而言已经无关紧要时,就表明小组辅导接近了尾声。比如,对一个准备结束辅导的小组成员说,意味着在小组辅导的日子与一周中其他日子没有什么区别了。

让小组成员聆听首次辅导的录音也有助于结束小组辅导。在小组辅导进行了一段时间之后，小组成员通过聆听他们的首次辅导，就能清晰地识别出，已取得的成绩和尚待解决的问题。当小组成员意识到，他们在没有辅导教师和有辅导教师的辅导中的表现差不多时，结束小组辅导的最佳时机也就来临了。

在开放式团体中，决定一位小组成员是否该继续参加小组辅导时，其他的小组成员就可以成为有效的决策者。通常小组成员要在讨论几周之后才能决定何时结束小组辅导。在这段时间中，该位小组成员可以与团体内的其他成员共同讨论、共同分享离开团体的种种感受。其中有些成员可能对于表达感谢和积极的感受感到很困难，以至于他们拒绝参加团体讨论，想方设法缩短分离的过程。这时候，辅导教师必须让他们理解并帮助他们改正不协调的、令人不满意的人际交往模式，让他们明白结束是一个重要部分，在人生的许多场合都必须要说"再见"。忽视这一过程就意味着忽略了人际交往中的一个重要方面。

团体中有一位小组成员将要离开时，可能团体内的其他成员就会表现出不舍。这时，小组成员之间会寻求保证，建立联系的桥梁，诸如询问其他成员的联系方式或者安排社交聚会等等。此时，辅导教师必须尽可能地帮助他们探讨结束辅导的整个过程，以缓冲一个小组成员的离开对整个团体所带来的冲击。辅导教师要澄清以下几点：他确实离开了，并且也不会再回来；团体进程是不可逆的；现状无法改变；时光残酷无情地流逝。对于仍然在团体中的小组成员而言，最能激发团体处理结束的话题，有时光飞逝、失落、分离、死亡和客观存在的必然性等。因此，小组辅导的结束会变成无关痛痒的团体事件，也是生活中一些最为关键、最痛苦话题的写照。

当一位小组成员离开团体后，最好不要马上介绍新的成员加入，因为团体可能需要几次辅导来处理小组成员的失落和辅导终期的相关议题。一个小组成员的离去，往往是其他小组成员检查自身辅导进展的大好时机。对于离开小组成员同一时间加入团体的其他小组成员而言，他们可能会觉得必须要进步快一点。当然，小组成员的离开也可能会有冲突。比如，有些小组成员会错误地认为他是被迫离去，觉得有必要重新确认团体的安全性。此外，也可能给其他小组成员带来压力，一些好胜心比较强的小组成员可能会草率地提前结束小组辅导。

辅导教师也必须关心自身在辅导终期的感受。有些辅导教师抱有完美主义的期望。他们可能会不合情理地拖延小组成员的辅导终期，他们期待小组成员有更多的变化，拒绝接受小组成员的不完全康复。此外，对于小组成员在正规小组辅导结束后能否继续成长，他们缺乏信心。有些辅导教师认为，如果是已经恰如其分地完成了工作，那么团体将不再需要他，而且会断绝与他的所有接触。当然，他就会不可避免地产生一些失落感。许多小组成员和辅导教师的关系是亲密无间的，因此辅导教师就会想念他们。但，结束小组辅导强烈地提醒着辅导教师，分离正是小组辅导固有的残酷性的体现。

二、团体的结束

(一)辅导教师的结束

在训练项目中，通常受训的辅导教师在带领小组辅导一段时间之后，就把团体交给另一位新的辅导教师，让该辅导教师对团体进行辅导。对团体内的小组成员而言，这是一个非常困难的阶段。他们往往表现为反复缺席，威胁要终止小组辅导。但辅导教师如果能充分利用这次机会，对小组成员的发展就会有很大的作用，可以让即将离开的辅导教师关注每一个小组成员没有完成的事务。对此，小组成员的反应也会有所不同：有些小组成员觉得这是最后的一次机会，让大家共享迄今为止他所隐瞒未报的事情。而另一些小组成员可能对辅导教师抱有不满，好像在说："看看，你的离开给我造成了多大的影响！"辅导教师要帮助小组成员设定各自的角色，帮助小组成员充分利用他们自身的资源，而不应该对这些问题加以回避。

(二)团体的结束

团体结束有很多理由。比如，外部环境造成的团体结束，例如，中学心理健康中心的团体通常会持续五六个月左右，假期一开始就得解散。又如，开放性团体会在辅导教师离开本地时结束。总之，团体结束的各种状况是不可避免的。

为了避免结束团体时的痛苦，小组成员经常不愿意承认团体已经结束的这个事实，例如，他们会假装团体将在其他场合继续进行，如重新辅导或定期社交性聚会。辅导教师要提醒大家，短期小组辅导已临近团体终期，并且要求小组成员关注团体目标。虽然大家对团体有着万种不舍，但辅导教师最好劝告小组成员必须要面对现实：团体的确是一去不复返了。即使团体中的一小部分小组成员会继续保持联系，但是，此地、此时、此刻的团体形式将会永远消失。

针对团体终期的不良解决模式，辅导教师应该及时处理。如团体中有些人以愤怒或贬低他人的方式来发泄分离的痛苦；有些人则完全承认或回避这一议题。辅导教师必须将这些行为与小组成员进行对质。对一个成熟的团体而言，直截了当地处理是最好的解决办法：辅导教师提醒小组成员，这是他们自己的团体，他们必须决定如何结束。此外，辅导教师必须帮助小组成员理解这些不良解决模式对团体造成的影响。如，他们是否觉得辅导教师的缺席影响了他人？或者他们是否对于辅导教师要结束团体持消极态度而又不敢当面对质？

通过和小组成员共同回忆团体过去的经历，可以部分排解失去团体的痛苦。小组成员互相之间可以提醒他们当初的样子。在最后几次辅导中，尽管大家流露的是对团体结束的不舍，但更多的是表现出对团体的感谢。当然，辅导教师不要过早地忽略团体，因为此时团体还没有结束，必须想办法在团体中继续讨论团体终期的有关问题，和小组成员一起工作，直到最后一分钟。

为帮助小组成员走过这段过渡期，辅导教师可以帮助小组成员进入一个持久存在的、无辅导教师的团体模式。辅导教师应以咨询的身份参与辅导，刚开始时他可以有规律地参与，随后逐渐延长间隔时间，如两周一次或两月一次。

必须注意的是，辅导教师也是团体中的一员。团体的结束也会给辅导教师带来种种不舒服的感受。在整个团体的最后阶段，辅导教师和小组成员都得参与，大家袒露自己对于分离的感受，这样也能促进团队工作。团体是一个充满痛苦、冲突、紧张和恐惧的地方，也是一个具有魅力的地方。人生中一些最真实、最伤痛的事情，就发生在这一小型却蕴含无限的小组辅导中。

面对团体的结束阶段，小组成员充满了失落、分离、依赖和被遗弃的复杂情绪。辅导教师该如何处理呢？

对于结束阶段的处理方法，没有一成不变或放之四海而皆准的方法和形式。辅导教师可以根据自己对小组成员及团体情况的认识与评估,设计出有效的方法。在最后一次辅导中,辅导教师可以让小组成员进行个别表达。如,辅导教师可以自己作总结或请小组成员总结。但需要注意的是,辅导教师邀请小组成员简要总结时,要先声明是扼要地表达,否则,若遇上小组成员长篇大论时才阻止,就容易产生误会,使问题复杂化。除了个别表述之外,辅导教师还可以请小组成员配对分享,但前提条件是辅导教师没有机会向小组成员表达,也缺乏机会和所有小组成员作正式的告别。例如,请小组成员称赞其他每一个小组成员的长处,再强化自我,如果这样的话,结果将会相当有效。

若要使事情处理得更加全面和系统,辅导教师可以在团体的结束阶段开始之前,请小组成员在团体外就某些重点内容进行协调。到小组辅导时,他们可以依据书面的总结摘要作汇报,并鼓励小组成员在报告时加上一些个人的想法和感受。

三、确定计划将改变类化到现实生活

类化指的是小组成员个人把在团体中所学到的技巧应用到外面的世界,并且在团体结束后能继续保持的历程。最主要的策略之一便是团体外作业。

在每次辅导结束前,每个小组成员都要依据本次的辅导内容,设计一些在家庭、学校、游乐场或其他任何地方可以完成的作业。这些作业的特征很明确,清楚地指出做什么、何时、何地、和谁。这段时间内的言行思考都要清楚地记录下来。团体外作业的目的就是要制造机会,让小组成员在真实世界中运用团体中所学到的东西。因为他们在做这个作业时,很少是处在监督的情况下。因此,小组成员有机会靠自己来尝试各种行为,借此也可以减少他们对辅导教师的依赖。

每次辅导中,要有一定比例的时间花在设计新的作业与检查上次作业的效果上。如果将辅导过程类推成问题解决的过程,家庭作业即是辅导的执行阶段,而向团体汇报结果则是验证阶段。总之,团体外作业是辅导过程的基本环节。

类化这个步骤里还有一部分是帮助小组成员制订计划,以便小组成员在团体结束时能将所学应用到实际生活中。同时,借着设计适当的活动,让小组成员练习新学到的技巧,协助小组成员为团体的结束作准备。讨论小组成员自己可以求助的

对象,如学校的心理咨询师或当地一些机构。辅导教师可以就每个小组成员的行为和认知状况,向他们提出有针对性的求助建议。

为了渐渐舒缓小组成员彼此之间,以及小组成员和辅导教师彼此之间关系的紧密度,辅导教师可以鼓励小组成员积极建立团体外的关系,投入到团体外的活动中,比如学校社团等。而且,也可以邀请小组成员的朋友以客人的身份参加最后一次辅导,听听该小组成员在小组辅导中的所得,也可以指派小组成员和其朋友一起参加活动和一起完成家庭作业。

在这个阶段,不会再因为完成团体外作业和遵守团体规范而给予什么物质奖励。家庭作业也不再结构化,但是分量会增加许多。准备过程大部分都由小组成员自己来掌控,检查也不怎么严格。社交、娱乐和其他建立团体凝聚力的活动减少到最低。大部分的掌控权都渐渐转到小组成员手中。最后,在团体结束后两三个月内,可以再举办一次追加辅导。在追加辅导中,所有小组成员都有机会讨论自己目前的成就和遇到的新问题。

第五节 小组辅导中的注意事项

一、雅各布斯和马森的观点

到目前为止,已经讨论了关于小组团体辅导工作的基本问题。为了能更多地了解领导团体时可能出现的挑战,雅各布斯、马森等人制作出一张不太完整的列表,其中一些问题只存在于特定类型的团体中,另一些则是所有类型的团体都会碰到的。这张用来展示小组成员问题行为和情境的列表进一步说明了学习有效领导技巧的必要性。团体小组成员的行为可能有以下问题:

- 在主题之间摇摆
- 试图掌控讨论

- 不具私人性和焦点的闲扯
- 注意力分散
- 羞怯和退缩
- 对辅导教师发怒
- 彼此发怒
- 试图强迫他人说话
- 试图向团体宣讲道义和宗教信仰
- 由于被迫加入而充满抵触
- 不喜欢其他小组成员
- 不再参加这个团体

二、耶罗姆的观点

此外,耶罗姆也总结了在领导小组辅导过程中可能会出现的许多问题,并提供了解决这些问题的建议。

(一)长篇大论者

很容易在团体中发现长篇大论者,他们通常的特征是持续地东拉西扯和重复,对其他想讨论他们关注问题的小组成员造成妨碍。不久后,小组成员要么让长篇大论者闭嘴,要么对团体进程失去兴趣,小组成员也可能觉得受挫而对谈话者和辅导教师都很恼火,因为他们认为辅导教师应该阻止没完没了的闲扯。

对于他们,辅导教师应该考虑以下问题:这个小组成员说了多久?与其他小组成员相比,该小组成员做了多少评论?该小组成员的评论与团体的既定目标一致吗?该小组成员与别人抢话说吗?对于该小组成员的发言,其他人感到厌倦或恼怒吗?该小组成员讲话的原因是因为紧张、还是想要给别人留下印象?

对他们的处理方式有几种。比如,一旦发现了这样的小组成员,辅导教师可以让小组成员两两组对,并确保自己与该小组成员一组,在组对后,辅导教师可与该小组成员谈谈他的"多话"。这种策略的优点在于多话的小组成员只从一个人那里知道自己多嘴,因而可以减少些许尴尬。

（二）支配者

支配者是指那个试图控制团体的小组成员，他们不同于长篇大论者，因为这种人希望做一些事情并掌握控制权。这类小组成员在学校团体中是相当常见的，教育、讨论或任务团体中一般也会出现。辅导教师会尝试一些不同的提供建议的技术应对长篇大论者，然而，对于支配者，辅导教师经常需要私下会见他，讨论他在团体中的行为。有时，可以让他作为助手或者给他一个令其感觉特别的角色；如果他不愿将控制权交给辅导教师，可以请他结束小组辅导。

（三）捣乱者

捣乱者是指那些寻求注意或避免审视自我的小组成员。为了达到目的，他们试图通过无关的话题或提不相干的问题而使团体离开主题。一些捣乱者制造噪音或来回走动以使小组成员分心，在学校团体中经常能看到这样的人，尤其是在非自愿参加的团体中，这样的情况更多见。这种小组成员常常很难对付，因为他并不是故意要扰乱团体。找他谈话，不理会他的评论或行为，通常会有助于大大降低捣乱者的影响。

（四）救援者

救援是指团体中一个小组成员试图安慰另一个小组成员的消极感觉体验。当一个小组成员难过时，另一个小组成员试图用"一切都会好起来的"这样的话来安慰他，而且听起来好像居高临下，救援者会妨碍深陷痛苦的小组成员解决问题。辅导教师应该教会小组成员如何把帮助、分享与安慰区别开来，这对团体的进程很重要。在团体进程的开始阶段，因为小组成员没有意识到他们的救援行为，辅导教师可能需要经常进行干预，要让整个团体了解同情是无用的，协助他们体验正确的辅导模式。

（五）消极的小组成员

消极的小组成员是指那些一直抱怨团体，或总是不赞同其他小组成员的人。应对消极的小组成员有三种策略：①在团体之外与消极的小组成员谈话，弄明白他为什么如此消极；②确认团体中的积极团体小组成员，并把问题和评论引向他们，让这些小组成员比消极的小组成员多发言，会有助于在团体中营造一种更积极的氛围。③当询问团体问题时,避免和消极的小组成员目光接触,以免引发他的发言。

(六)抵触的小组成员

一些小组成员是抵触的,因为他们是被迫加入小组辅导的。有时,如果这些小组成员能有机会表达他们的愤怒,他们会改变自己的抵触情绪。辅导教师很难应对这种情境,因为他不知道让这些小组成员表达愤怒是否有益,或者小组成员是否会一味地抱怨而给团体蒙上消极的阴影。但是,当一个小组成员看上去正在克服他的抵触情绪时,辅导教师必须予以关注,要辨别出哪些小组成员抵触的是团体进程,而哪些小组成员抵触的是自己或自身情境的改变。

(七)试图"难倒辅导教师"的小组成员

试图"难倒辅导教师"的小组成员可定义为:企图破坏辅导教师在团体中的言行的小组成员。这种小组成员不同于消极的小组成员,因为为难的小组成员事实上他的内心是想得到辅导教师的注意,而消极的小组成员则是漠然,对团体没有兴趣。辅导教师注意的是要把焦点从小组成员与自己的激烈冲突上移开,弄明白为什么小组成员会把自己当成靶子。如果小组成员不愿分享他的想法,辅导教师可以通过与其他小组成员交谈而获取一些有用信息。

(八)沉默

团体中的沉默可分为有效的沉默和无效的沉默。有效的沉默发生在小组成员对团体中说过的话和做过的事进行内省的时候,而无效的沉默发生在小组成员因不知该说什么、害怕或感觉厌烦的时候。对辅导教师来说,沉默有时是一种信号,辅导教师要判断这种沉默是否有效。通常,辅导教师能够通过观察小组成员坐在那里的反应,以及回顾团体中刚发生的事而做出判断,如果小组成员沉默是因为他们不感兴趣,那么辅导教师应将其作为一个信号,以便改变焦点或向团体挑明他们缺乏兴趣。

(九)哭泣

小组成员会在团体过程的任何时候哭泣。辅导教师应当确信小组成员希望解决问题并且时间是很充足的。如果时间不成问题,那么辅导教师则可以与这个陷入痛苦的小组成员结成对子,以发现更多暗含的信息。至于其他小组成员,辅导教师可以请他们两两组对继续先前的讨论,或讨论辅导教师认为是相关的话题。辅导教师也可以承认该小组成员的痛苦,并承诺在团体结束后讨论他的问题。另一个重要的考虑是,哭泣究竟是某种斗争或痛苦事件的结果,还是试图获取同情的行为。在领导教育、讨论或任务团体时,新手辅导教师常常错误地将焦点放在痛苦的小组成员身上,并因此给那些有不同期待的小组成员造成困扰。

(十)相互敌对的小组成员

当这种情况发生时,如果辅导教师认为讨论有益,就应在团体中提出这个问题。通常团体内的行为恰恰反映出了小组成员在团体外的行为,因此,关注小组成员彼此敌对的情况,是帮助他们在日常生活中变得平易近人的最有益的办法之一。帮助小组成员建立友谊,也可视为巩固团体、建立团体凝聚力的最有效方法之一。然而有时无论团体做什么,小组成员都不能克服彼此间的讨厌。这时,辅导教师的目的可以不是让小组成员彼此喜欢,而是让小组成员不要因相互的敌对而干扰了他们从团体经验中获益的机会。

(十一)要求小组成员离开

如果一个小组成员的需求严重背离了团体目标以至于他不会从团体中有任何收益,那么辅导教师可能就需要要求他离开团体。在决定了该小组成员应该离开团体之后,辅导教师必须考虑下一步何时通知及如何通知该小组成员。如,在团体结束后会见该小组成员,或在两人小组中通知他。在一个小组成员必须参加且辅导教师无权请小组成员离开的小组辅导中,辅导教师可以请该小组成员静坐或坐在小组成员围成的圆圈之外。

(十二)有偏心、心胸狭隘或迟钝的小组成员

偶尔,辅导教师会不得不应对某个对外部环境持狭隘或偏见观点的小组成员,以及企图扮演道德家或传教士的小组成员。这是个棘手的情况。因为多数小组辅导的目标之一就是倾听不同的观点并学会容忍他人。但是,有一点是明确的,即当一个小组成员总是忍不住要进行说教和评价别人时,就必须请他离开团体。辅导教师的准则是容忍小组成员的差异,只有当小组成员的评论太偏激,以至于对整个团体有害时,才会介入干预。

Chapter 5

小组辅导设计示范

本章介绍了两个小组辅导设计,内容都涉及压力管理这一主题。但两个辅导设计的理论基础不同,前者基于认知行为模式,对象是学生,设计侧重在活动内容的标准化和规范化上;后者基于焦点解决模式,对象则是教师,设计侧重在理念和实践的有效连接上。两个辅导设计的示范可以为今后实践提供借鉴。

第一节 "抗压少年"辅导课程设计

在本节我们将通过介绍"抗压少年"这一小组辅导训练课程来帮助辅导教师更好地理解小组辅导实际的应用。

"抗压少年"这一项目主要采用了认知和行为策略来帮助学生提高社会和情感技能。为了达到这一目的,整个活动包括了自我情绪的识别和管理、他人情绪的识别、如何识别和管理生气、积极和消极思维的识别以及如何培养积极思维的习惯、解决问题能力的训练、放松技能训练和目标设定能力训练。

辅导对象是小学四年级到初中一年级的学生(大约9~14岁),其主要目的在于通过认知和行为策略来提高学生的社会和情感技能,以达到预防心理问题的目的。从这个意义上讲,该项目的理论基础是认知行为理论,针对的是心理正常的学生,可以包括一些存在心理问题,特别是有抑郁、焦虑等倾向的学生,但不包括已经被诊断为有心理障碍的学生。

该辅导课程一次参加的学生人数可在16~20人。为了保证辅导效果,一旦活动开始,原则上不允许新同学加入。整个辅导活动共12次,每周安排一次,每次活动持续大约50~60分钟。对场地没有特殊要求,可用投影或仅用白板。

后面章节将对每次活动的目的、目标、内容加以详细介绍。

活动一 了解"抗压少年"项目

【目的】

向学生介绍"抗压少年"培训辅导项目

【目标】

1. 学生将理解"抗压少年"培训辅导程的目的;

2. 学生将掌握引言术语的意义和定义；

3. 学生将完成前测；

4. 学生将学习参与项目的预期行为。

【内容】

内容一：开场白

清楚地表达目的和目标：向学生解释，他们将开始一项新的辅导程，即"抗压少年"培训辅导程。你需要解释该培训辅导的开展次数，以及列举一些可能会涉及的话题。而且，你还需要解释在这一辅导程期间将要学到的技巧，这些技巧对学生的社会和情绪健康都是至关重要的，甚至对于学生的一生都是非常重要的。

示例

今天我们将开始一项新的辅导程，名叫"抗压少年"。在这个辅导程中，我们将讨论如何理解自己和他人的情绪。我们也将讨论如何解决问题，如何设置目标，如何以有益于我们生活的方式思考。我们的每次辅导都将持续一个小时。你们将学习有助于与人和睦相处和作出良好选择的新技巧。这些新技巧将建立起你们的抗压能力。在你们长大成人后，这些技巧依然会是非常有价值的。每个人都会面对压力，而这个辅导程有助于你们学习保持一生抗压能力的技巧。

内容二：前测评估

为了评估小组辅导的效果，在正式辅导开始前，根据不同的目的，有时需要选择适当的评估工具进行辅导前测试。测试不仅仅是简单地把问卷发下去，辅导教师应当向学生解释这次评估，如果他们不知道答案或是对话题不熟悉，没什么关系。告诉他们，这个前测只是为了了解他们的背景知识和考查通过培训辅导程所能学到的知识。

在每一个学生拿到预测卷后，给予适当的指导，留出15分钟的时间来完成评估。

> **示例**

首先我们将进行一个简短的测试,好让我知道你们对情绪和情感了解的程度。这大概需要花 15 分钟左右的时间。你们尽自己的全力答完所有的问题。如果你想要我帮忙阅读或理解其中的任何问题,请举手示意我。

内容三:介绍辅导程所涵盖的主题

表 1-1 抗压少年

(1) 了解你的情感(Ⅰ)
(2) 了解你的情感(Ⅱ)
(3) 应对愤怒
(4) 了解他人的情绪
(5) 理清思路(Ⅰ)
(6) 理清思路(Ⅱ)
(7) 积极思考的力量
(8) 解决人际问题
(9) 远离压力
(10) 行为改变:设置目标,积极活动

使用表 1-1 中提到的主题,对每一辅导先做个简短的解释。你可以用自己的话或用下面的模板。

> **示例**

在 12 周的辅导程中,我们将讨论这些主题。前两次辅导中我们将学习如何确定我们的感情,然后学习如何良好地去表达它们。在接下来的辅导中,我们将讨论我们的愤怒以及如何良好地应对愤怒。第四次辅导中我们将会更好地关注和了解他人的情感,在其后的三次辅导中我们将会学习如何以有益于我们生活的方式进行思考;我们同样会学习如何解决问题或矛盾。最后,我们将学习如何放松、保持活力以及达到我们的目标。

内容四：提醒或声明——有严重问题的学生

向学生解释本辅导程主要针对生活技巧，因此，对于有严重情绪问题的学生来说，这些技巧可能无法提供足够的帮助。例如，有严重抑郁或焦虑的学生应该由专家进行确诊和提供帮助。你可以用以下模板，也可以用自己的话来描述，便于学生更好地理解。

> **示例**

"抗压少年"这一辅导程主要针对生活技巧，对于有严重情绪问题(如抑郁症或焦虑症)的学生来说，可能帮助不大。如果你觉得自己有严重的生活问题或你知道某人可能有，他或她应该来见我或从×××(举出学校咨询师、心理学家或社会工作者的名字)那得到帮助。

内容五：定义关键概念

对在本辅导程中使用到的关键概念进行讨论和定义。

情感：告诉你自己所处情境的一种情感。你可以通过身体的感受或头脑的思考来认识这种情感。

自尊：你的尊严或对自我价值的感受。

抑郁：长时间地感到伤心或情绪低落。

焦虑：长时间地感到紧张或害怕。

内容六：确定行为预期

向学生解释，每次辅导结束之后，他们都有可能会被要求与他人分享一些私人信息。但是，他们的参与是自愿的，如果他们感到不舒服，可以选择停止分享他们的情感或故事。如果学生与一群人分享经历会感到不舒服，那么告诉他们，他们也可以和你单独聊。向学生解释，他们现在是一个有着特定规则的特定团体中的一员。表1-2描述了三条团体规则。

表 1–2　团体规则

> 1. 尊重其他人
> 2. 有备而来
> 3. 不对外泄露团体内的个人私事

示例

你们现在是一个有着特定规则的特定团体中的一员。因此,你们要遵守如下规则:

1. 别人讲话时你要安静地倾听;
2. 要做家庭作业;
3. 对他人保持尊重,别八卦!

在培训辅导程期间,你们可能会被要求分享一些曾在你们身上发生的事情。我会鼓励你们通过举手示意来分享故事,以参与到这个团体中。在同学分享故事时,你们要安静、认真地听着。需要记住,故事是私人的故事,你们不能与团体外的任何人分享其他同学的故事。如果你决定不再分享你的故事或开始感到不舒服了,你可以随时选择停止分享。如果你对在团体中分享故事感到不舒服,但是你又觉得自己想和某人交谈,那么请在辅导后告诉我。

内容七:结束和家庭作业

把学生聚集到一起,回顾介绍的关键点。

示例

今天我们谈到了"抗压少年",一个将应用在我们自己身上的新项目。在接下来的几个星期里,我们将要学习有关我们情感的知识,学习如何应对生活中的压力以及其他一些重要的生活技巧。在这一期间,我们需要记住之前强调的三个规则:1. 尊重其他人;2. 有备而来;3. 不对外泄露团体内的个人私事。

分发表 1–3 的内容,可以把它当做是一次非正式的家庭作业,告诉学生尽自己最大的努力,在画线处写上自己的回答。

表1-3　介绍抗压少年

指导语:想想你确实感到高兴的时候。利用这些记忆来回答下面的问题。

(1)发生了什么事?
_____

(2)你有什么想法?
_____

(3)你怎么知道你是开心的?你的身体有何感受?
_____

(4)你是如何向人家表现出你的开心的?
_____
_____
_____

活动二　了解你的情感(Ⅰ)

【目的】

教学生识别基本的情感。

【目标】

1. 学生能够确定舒适或不舒适的情感。

2. 学生会在不同时间和场景下归纳或运用这一辅导所教授的技巧。

【内容】

内容一：回顾

复习第一次辅导的知识：回顾或讨论先前的任务和主要观点，包括3~5个观点。

示例

在上次辅导上,我向大家介绍了"抗压少年"培训辅导程。那么有没有同学能告诉我一个在上一次辅导中学到的重要观点?请举手。

然后,提供反馈。

内容二:介绍

清楚地表明目标。

示例

今天我们将学习如何更好地识别我们的感受,也就是通常所说的情感。我们将谈谈不同类型的感受,并把它们分为"舒适的"和"不舒适的"两类。

内容三:命名并定义技巧

参考表 2-1,作为定义相关术语的原则。

表 2-1 术语的定义

> **情感**:一种来自发生在你身上的事情的感受,旨在告诉你所处的情况。你可以通过身体或大脑的感受来确定这种情感。
> **舒适**:舒适的感受使人们感觉良好。它们会有助于你过得开心或享受生活。
> **不舒适**:不舒适的感受使人们感觉糟糕。它们同样可以帮助人们变得更好。不适的感受可以帮助人们意识到并重视他们的舒适感受。

在一个简短的讨论中,向你的学生表达以下主要观点:

1. 每个人都有情绪或情感,拥有任何感受都是可以的。
2. 因为有不同的情境,所以产生了不同的情绪。
3. 情绪可以用来在我的感受和他人的感受之间进行交流。
4. 有不同的表达情感的方式。
5. 他人可能对我处理一件事的方式持有不同的感受。我可以做一些事来改变我的感受和其他人的感受。

内容四:情感识别

理由或目标。

> 示例

我们练习的第一个技巧是如何识别不同的情绪或情感。这个技巧对我们所有人以及人生的每个阶段都是很重要的,因为我们在家、学校和娱乐中都会经历各种情绪或情感。通过识别我们的情绪,我们就可以作出积极的反应,即使这个情绪事实上并不让人感到舒服。

利用白纸或投影仪来演示从以下练习中产生的情绪反应。

1. 生成情绪或情感列表

· 陈述一种基本的情感,如快乐或悲伤,解释这种情绪或情感。

· 再给出一个例子,选取一种更为复杂的情绪,如兴奋或担忧。在白纸上写下所选择的情绪或情感。

· 让学生生成其他情绪或情感,在白纸上写下这些感受。

2. 确定情绪或情感是舒适的还是不适的

· 利用步骤一中提供的情绪示范这个技巧:"快乐是一种舒适的感受。当我感到快乐时,我感觉良好并且可能会笑。悲伤是一种不适的感受。当我感到悲伤时,我感觉糟糕并且可能会哭。"当你提供这些例子的时候,在感受的后面标上"+"或"–"。

· 分发表 2-2,作为讲义向学生解释,他们对舒适的感受标上"+",对不适的感受标上"–"。学生应该独立完成记录表。

表 2-2　情感识别

说明:这项活动有助于你识别舒适和不适的情绪。舒适的感受使人们感觉良好,使人们过得开心。不舒适的感受使人们感觉糟糕,但它同样也可以帮助人们变得更好。不适的感受可以帮助人们意识到和重视他们的舒适感受。每一列表中,在任何你觉得是描述舒适感受的词后面标上"+",在任何你觉得是描述不适感受的词后面标上"–"。

感觉列表 1

快乐	孤单	恐惧	无聊
生气	悲伤	心烦	惊讶
坚强	骄傲	害怕	高兴
害羞	担忧	疲惫	喜爱

```
感觉列表 2
孤单    抱歉    负罪    担忧
快乐    悲惨    兴奋    骄傲
迷惑    坚强    恐惧    忠诚
执拗    惊讶    心烦    无聊
平静    鼓舞    温暖    生气
焦虑    受挫    激动    狂怒
激情    忽视    尴尬    喜爱
```

3. 小组讨论
- 把学生分成 5~6 个小组,讨论他们在记录表上都标了什么。
- 密切监督小组。
- 留意你对学生作出的评价的反应。例如:如果学生把厌恶或愤怒定义为舒适的情感,请不要表现出失望或惊愕。相反,应该把练习当做增强学生情感意识的手段。实践证明这么做是颇有好处的。

4. 后续讨论
- 问问学生他们是否觉得有些情感很难判定是舒适的还是不适的。
- 利用学生提出的例子来解释说明,不是所有的情感都可以很容易地被描述为或标为舒适的或不适的。例如:"惊奇"既可以是舒适的,也可以是不适的,应依情境而定。
- 与学生讨论这些情感。鼓励学生注意他们的身体感受、面部表情以及大脑中的想法,帮助他们识别复杂的情感。
- 一些"复杂的"情感可能包括受挫、焦虑、内疚和嫉妒。

内容五:你感觉如何?

示例

既然我们知道了感受既可以是舒适的也可以是不适的,那么我们开始谈谈,我们在什么时候可能会有这些感受。

利用白纸或投影仪来讨论在不同时间可能会有的感受的实例。

1. 在不同情境下产生的感受

• 陈述一种基本的情感,如快乐或悲伤。当有这种感受时,把当时所处的情况、发生的事情都描述出来,并在后面标明是舒适的还是不适的感受。例如:当我看到一只大蜘蛛时我感到很害怕。这对我来说是一种不适的感受。

• 再给出一个例子,选用一种更为复杂的情绪如兴奋或担忧来描述。例如:坐过山车时我感到很兴奋。这对我来说是一种舒适的感受。

• 让学生产生在特定情境下的其他感受。然后在白纸上写下这些情绪或情感,让学生判断这些情感标是舒适的还是不适的。舒适的感受标"+",不适的感受标"-"。

• 把表 2-3 作为一个记录表,学生可以选择一个词填到每个句子的"我感觉"后,然后利用自己的语言来描述这种感受。学生独立完成记录表。

表 2-3　你感觉如何?

说明:在表格最后的感觉列表中选出几个词填写在每个句子的"我感觉"之后,然后用自己的话来描述这种感觉产生时的情况。

我感觉_____,当_____的时候。
我感觉_____,当_____的时候。
我感觉_____,当_____的时候。
我感觉_____,当_____的时候。
我感觉_____,当_____的时候。
我感觉_____,当_____的时候。
我感觉_____,当_____的时候。
我感觉_____,当_____的时候。

感觉列表

快乐	无聊	开心	激动
孤单	生气	感激	安全
兴奋	骄傲	愚昧	担忧
恐惧	紧张	精力过盛	心烦

2. 后续讨论

- 请学生在自愿的前提下,分享记录表中自己的回答。
- 在每个学生自愿回答完后,问他们这对他们来说是舒适的还是不适的感受。
- 记得把练习作为帮助学生提升他们情感意识的一种手段。

内容六:结束

把学生聚集到一起回顾步骤和目标。

1. 回顾不同的技巧并总结关键点

示例

能够识别不同的情绪或情感对我们所有人和人生的所有阶段来说,都是一个很重要的技巧,因为我们在家、学校和娱乐中都会经历情绪或情感。每个人都有情绪或情感。

2. 回顾辅导程目标

示例

今天我们学习了如何识别情感,如何识别不同类型的情绪或情感。我们谈到了舒适或不适的感受,也谈到了让我们产生这些不同类型情绪感受的情境。

内容七:测试或后测

如果进行后测,请阅读测试的指示和讲义。

内容八:家庭作业

分发家庭作业表:表2-4《关于我的感受》,并作出解释说明。

表 2-4　关于我的感受

说明:用自己的话把这些有关感受的句子补充完整,请使用真实的例子。
我感到害怕,当＿＿＿＿＿＿＿＿＿＿＿＿＿＿＿＿＿＿＿＿＿＿＿＿＿
我确实擅长于＿＿＿＿＿＿＿＿＿＿＿＿＿＿＿＿＿＿＿＿＿＿＿＿＿
我感到兴奋,当＿＿＿＿＿＿＿＿＿＿＿＿＿＿＿＿＿＿＿＿＿＿＿＿＿
大多数时候我感到＿＿＿＿＿＿＿＿＿＿＿＿＿＿＿＿＿＿＿＿＿＿＿
我感到快乐,当＿＿＿＿＿＿＿＿＿＿＿＿＿＿＿＿＿＿＿＿＿＿＿＿＿
我感觉心烦,当＿＿＿＿＿＿＿＿＿＿＿＿＿＿＿＿＿＿＿＿＿＿＿＿＿
我觉得悲伤,当＿＿＿＿＿＿＿＿＿＿＿＿＿＿＿＿＿＿＿＿＿＿＿＿＿
我很冷静,当＿＿＿＿＿＿＿＿＿＿＿＿＿＿＿＿＿＿＿＿＿＿＿＿＿＿
我确实抓狂了,当＿＿＿＿＿＿＿＿＿＿＿＿＿＿＿＿＿＿＿＿＿＿＿
我感激于＿＿＿＿＿＿＿＿＿＿＿＿＿＿＿＿＿＿＿＿＿＿＿＿＿＿＿＿
我觉得孤单,当＿＿＿＿＿＿＿＿＿＿＿＿＿＿＿＿＿＿＿＿＿＿＿＿＿
我感到骄傲,当＿＿＿＿＿＿＿＿＿＿＿＿＿＿＿＿＿＿＿＿＿＿＿＿＿
我感到羞愧,当＿＿＿＿＿＿＿＿＿＿＿＿＿＿＿＿＿＿＿＿＿＿＿＿＿
我感到失望,当＿＿＿＿＿＿＿＿＿＿＿＿＿＿＿＿＿＿＿＿＿＿＿＿＿
我希望＿＿＿＿＿＿＿＿＿＿＿＿＿＿＿＿＿＿＿＿＿＿＿＿＿＿＿＿＿

活动三　了解你的情感(Ⅱ)

【目的】

教给学生表达情感的适当方式。

【目标】

1. 学生能够区别表达积极和消极的情感。

2. 学生会在不同时间和场景下归纳或运用这一辅导所教授的技巧。

【内容】

内容一:回顾

复习前面所学的知识:回顾或讨论先前的任务和主要观点。包括3~5个观点。

> 示例

上次辅导我们学习了如何识别我们的感受。那有没有人能告诉我一个在上节辅导中我们学到的重要观点？请举手。

然后，提供反馈。

内容二：识别紧随着感受之后发生的行为

利用我们的例子或第一部分中学生提供的某种情绪情感，识别与情感相关的普遍行为。

> 示例

受挫是一种不适的感受。当我们觉得受挫时我们通常都想放弃，停止我们正在做的事情，离开或生气。我们感到受挫时可以做的一件事是停下，冷静下来。快乐是一种舒适的感受。当我们觉得快乐时，我们总是觉得可以把事情做好，我们更会常常微笑，内心感觉世界很美好。

用自己的话向学生表达下面的重要观点：

1. 每个人都有情绪或情感，拥有任何感受都是可以的。
2. 因为有不同的情境，所以产生了不同的情绪。
3. 情绪可以用来在我的感受和他人的感受之间进行交流。
4. 有不同的表达情感的方式。
5. 他人可能对我处理一件事的方式抱有不同的感受。我可以做一些事来改变我的感受和其他人的感受。

内容三：积极和消极的例子

1. 情绪情感：抓狂、愤怒。
2. 通过选择学生回答来提供反应或继续评估的机会。
3. 使用提示：这个例子是否是一个表达感受的好方法？

利用表 3-1 的内容，作为教授学生表达感受的适当方法。

表 3-1　表达情绪的方式(一)

1	学生感到愤怒,停下,数到十,然后感觉平静下来了。	
2	学生感到愤怒,于是对他旁边的人大喊大叫。	
3	学生感到愤怒,做个深呼吸,然后从让人心烦的情境中走开了。	
4	学生感到要抓狂了,做了个深呼吸,然后一拳打在桌子上,伤了他的手。	
5	一旦学生意识到他自己愤怒了,便拒绝与任何朋友讲话。	
6	学生意识到自己愤怒了,先冷静下来,然后和老师说是什么让他愤怒了。	

☺ 表示这是表达情绪的好方式;☹ 表示这不是表达情绪的好方式。

积极的例子和消极的例子:

·阅读前两个例子,通过表述"这个反应是否是表达感受的好方法"而提供正确的回答。好的话在其后面的空格处标上 ☺,不好的话标上 ☹。

·阅读第三个例子,通过问"这是否是表达感受的一种好方法"来让学生作出反应。标示出正确的反应,好的标 ☺,不好的标 ☹。

·继续阅读下面的例子,通过让学生回答"这是否是表达感受的一种好方法"来作出反应。继续用恰当的符号标注反应。

以前两个例子作为示范提供正确答案。

·积极的例子:学生感到愤怒,停下,数到十,然后感觉平静下来了。

这是表达情绪的一种好方法,因为学生在对情绪采取行动前,利用策略来思考了他的反应。

·消极的例子:学生感到愤怒,于是对他旁边的人大喊大叫。

这不是一种表达情绪的好方法,因为学生在没有好好考虑的情况下,就对他或她的情绪作出了反应。

·积极的例子:学生感到愤怒,做个深呼吸然后从让人心烦的情境中走开了。

·消极的例子:学生感到要抓狂了,做了个深呼吸,然后一拳打在桌子上,伤了他的手。

- 消极的例子：一旦学生意识到他自己愤怒了，便拒绝与任何朋友讲话。
- 消极的例子：学生对他的朋友感到抓狂，和他说了些伤害他感情的话。
- 积极的例子：学生意识到自己愤怒了，先冷静下来，然后和老师说是什么让他愤怒了。

利用表 3-2《表达情绪的方式（二）》，要求学生作出所选情感的好或不好的表达方法，继续进行练习，思考更复杂的情感——如骄傲或抱歉——来进行练习。

表 3-2 表达情绪的方式（二）

情绪/情感=	
1	☺
2	☹
情绪/情感=	
1	☺
2	☹

☺ 表示这是表达情绪的好方式；☹ 表示这不是表达情绪的好方式。

内容四：练习或应用

这个练习要求运用情境卡片（表 3-4 和表 3-5）。在分发情境卡片之前要将它们进行复制储备，然后把它们剪下来。

表 3-4

情境 1	情境 2
情境 3	情境 4
情境 5	情境 6

表 3-5

你的兄弟或姐妹吃了你的最后一块生日蛋糕。你让他或她别吃最后一块，但是他或她还是吃了，因此，你从学校回家后发现蛋糕没有了。	你们班的每一个人除了你都被邀请参加某位同学的生日派对。
你是你们足球队的守门员。在比赛结束前的2分钟，一个球从你身边漏过，进了球门，对手赢了比赛。	你和同学参加了"环游世界"的游戏。游戏需要两个人——你和你最好的朋友。你的朋友失误了，然后轮到你。你把失误的地方纠正了过来，并成为赢家！
你不想让你的爸爸或妈妈看到你的成绩报告单，因为你的一些分数很差。	你正准备作一次等待已久的旅行。

对学生说，要利用他们最好的判断。当然，他们可以利用下面的例子，或者如果他们愿意的话，也可以利用自己的练习情境。

· 把学生分成 5~6 组来完成这个应用练习。

· 给每个组分发一张情境卡片。

· 跟学生解释说明，他们必须：

(1) 确定在给定的情境中他们可能会有的情绪反应；

(2) 确定情绪反应是舒适的或不适的；

(3) 至少举出表达情绪的三个积极的例子。

让学生在小组练习期间完成表 3-3 的内容。

表 3-3　实践应用

> 在小组中,讨论以下情境并回答问题。
> (1) 如果这发生在你身上你会有什么感受?
> (2) 这种感受是舒适的还是不适的?
> (3) 举出至少三种积极的表达方式。
> **具体的情境包括:**
> ◎情境 1:你的兄弟或姐妹吃了你的最后一块生日蛋糕。你让他或她别吃最后一块,但是他或她还是吃了,因此你从学校回家后发现蛋糕没有了。
> ◎情境 2:你们班的每一个人除了你都被邀请参加某位同学的生日派对。
> ◎情境 3:你是你们足球队的守门员。在比赛结束前的 2 分钟,一个球从你身边漏过,进了球门,让你们的对手赢得了比赛。
> ◎情境 4:你和同学参加了"环游世界"的游戏。游戏需要两个人——你和你最好的朋友。但是,你的朋友失误了,然后轮到你。你把失误的地方纠正了过来,并成为了赢家!
> ◎情境 5:你不想让你的爸爸或妈妈看到你的成绩报告单,因为你的一些分数很差。
> ◎情境 6:你正准备作一次等待已久的旅行。

让学生重新组群,聚成一个大组,一起讨论以上的情境和自己的反应。

内容五:结束

把学生聚集到一起回顾步骤与目标。

回顾不同的技巧并总结关键点。

示例

能够识别不同的情绪或情感对我们所有人和人生的所有阶段来说,都是一个很重要的技巧,因为我们在家中、学校和娱乐中都会经历情绪或情感。每个人都有情绪或情感。通过知道自己的感受,你可以作出正确的回应,即使这种情绪是让人不适的。每个人都有情绪,任何情绪都是可以存在的。情绪有不同的表达方式,有些是恰当的,有些是不恰当的。

重新谈到辅导程目标。

今天,我们学习了表达情绪的好或不好的方式。我们学会了表达情绪的适当的方式。

内容六:测试或后测

如果进行后测,阅读指导并分发试卷。

内容七:家庭作业

分发家庭作业:表3-6《对情绪状况的反应》。与学生一起阅读说明,回答他们提出的问题。

表3-6 对情绪状况的反应

情 境	情绪	舒适	不适
说明:表格中所列出的每一种情境如果发生在你身上,描述你可能会有的感受。在表格中做相应的记号以表示这是舒适的还是不适的感受。同时,想想为什么你认为自己会有这种感受。			
在自助餐厅有三个不同的学生邀请你和他们一起坐。			
你的一个朋友不想再与你交往了。			
你想不出任何事来做。			
你被选为最后一个在团队中表演的人。			
晚上你独自一人在家。			
你被选为第一个在团队中表演的人。			
你的老师对你说:"做得好!百分之百正确!"			
你的老师对你说:"你做工作太没有条理了,重新做!"			
一个同学对你说:"我不知道该怎么做,你可以帮我吗?"			
你的父母吵架了。			
你没有足够的钱买到你想要的东西。			
你的爸爸或妈妈说:"你还太小了,等你长大了再说。"			
你的一个家人病得很重。			

活动四　应对愤怒

【目的】

教学生理解愤怒,应对侵犯。

【目标】

1. 学生能准确地举出并描述愤怒模式的步骤。
2. 学生能够描述控制愤怒的技巧。
3. 学生能够把愤怒模式和控制愤怒的技巧应用在别的情景中。
4. 学生能够把辅导中学到的技巧运用到生活中。

【内容】

内容一:回顾

复习前面的知识:回顾或讨论先前的任务及主要观点。包括3~5个观点。

示例

上次我们讨论了怎样理解我们的感受并进行恰当的展示。如果你可以告诉我,我们上次辅导学习的主要内容,请举手示意。当然,我们还学习了关于舒适与不舒适情绪的表达方式。你们能给我举一个有关舒适和不舒适情绪的例子吗?

然后提供反馈。

内容二:介绍说明

清楚地表达目标。

示例

今天,我们要讨论一种叫愤怒的情绪。愤怒是每个人都会经历的正常情绪。我们将要学习愤怒是什么样的,以及它形成的原因。同时,我们也要学习几种应对愤怒的技巧,这样我们就不会出现伤害自己或别人的行为。

内容三：命名并定义技巧

讨论表4-1中的几个重要术语：

表4-1 定义术语

> **情绪**：个体遇到一些事情而出现的感受，能够反映出周围的环境。一种情绪通常能反映出你身体的感觉和头脑中的思想。
>
> **愤怒**：当你受到威胁或伤害时所产生的一种对人或事物的厌恶情绪，是一种强烈的不愉快的情绪。
>
> **侵犯**：对别人、你自己或物品造成身体上或情感上的伤害，是一种有力的或对抗的行为或言语。
>
> **应对愤怒**：当你愤怒时，选择恰当的行为。

用自己的语言或下面的表述向你的学生表达以下主要观点：

1. **所有的人都是有情绪的**。情绪是帮助我们理解和应对人或环境的工具(就像眼睛和耳朵帮助我们认识世界一样)。

2. **愤怒是一种天生的和必需的情绪**。如果没有愤怒，我们就会在理解和应对(例如保护自己)他人和环境时，受到限制(就像如果没有眼睛和耳朵，我们认识世界的能力就会受到限制一样)。

3. **侵犯是我们愤怒时应对他人和环境而出现的众多行为中的一种**，是我们自己选择的。

4. **侵犯不是应对愤怒的最好方法**，相反，它常常会造成伤害。当然，应对愤怒的方法有很多种。

示例

就像我们有眼睛和耳朵帮助我们生活一样，我们也有一些感觉可以帮助我们理解和应对人和环境。情绪就像工具一样帮助我们了解环境，好好地生活。愤怒是一种强烈的情感，当我们遇到不平时，可以保护自己。例如，当有人偷走你的东西时，愤怒是正常的。

询问学生什么时候他们会愤怒,以及什么会让他们愤怒。

> 示例

如果你不愤怒,就不会有动力来保护自己。但是,愤怒并不一定会导致侵犯。事实上,侵犯不仅没有解决问题,反而会造成许多问题。侵犯并不是我们应对愤怒的唯一方式。其他比较恰当的方式有反思愤怒,解决引起愤怒的问题或离开愤怒情境,不去想。

让学生谈论他们应对愤怒的几种方法。

> 示例

理解和处理愤怒的能力是一种很重要的技能。它是我们受用终生的一种技能。愤怒是一种正常的、健康的情感,在生活中我们会多次经历。对人或事物发脾气不是错误的,但用侵犯性的行为来平息愤怒会造成很多问题。

询问学生会让他们产生愤怒情绪的侵犯性行为有哪些。

示例:

尽管侵犯性行为有时会立即满足你的要求,但是长此以往会引起更多的问题,例如失去朋友,和父母、老师闹矛盾等等。

内容四:介绍愤怒的模式和定义

利用表 4-2 的内容,概述愤怒阶段的反应。

表 4-2

愤怒的阶段	方案
1. 激发	当你在辅导室玩时,一个足球击中了你的后脑勺。
2. 解释/理解	你思考为什么这个球会击中你,认为是一个学生故意把球扔向你的。
3. 情绪反应	根据你的理解,你感到受到别人威胁并愤怒了。
4. 决定/选择	因为你愤怒了,你考虑怎样保护自己。你决定还击那个扔球砸你的人。
5. 行为	你推了那个人,并撞倒了他。
6. 结果	因为推倒了那个学生,以后你不能去辅导室休息了。

激发:一些让你愤怒的事。

解释/理解:回想事情发生的过程,并决定这意味着什么。

情绪反应(愤怒):对会影响你心情的一件事的反应。

决定/选择:根据你自己的理解,决定你会采取的行动。

行为:执行你的决定。

结果:行为的直接结果。

内容五:整合及阐述愤怒模式

回顾表 4-2 的内容,和学生讨论 4-2 中提到的例子,并强调以下几点:

1. **解释**是一种自发的、积极的过程,建立在过去的经验、环境、心情基础之上。当球击中了这个学生,他(她)会自发地想到这件事,他可能就会有两种解释:(1)是一种偶发事件或;(2)故意扔的。

2. 我们的解释将决定我们的**情绪反应**(如愤怒,冷漠,恐惧等),这一反应又会影响选择行为的决策过程。

(3)我们的行为反应是**决策**的产物。经常是我们还没有意识到就做了决定。决策就是这样产生的。但是,我们要认识到我们应对愤怒做了一个怎样的决策,这一点是很重要的。

(4)我们的行为会产生短期和长期的影响。一些影响是显而易见的(别人会得到惩罚或得到我们想要的东西),但是有的是不明显的(同学的排斥或师生关系的恶化)。我们要意识到行为的结果是很重要的。

内容六:介绍控制愤怒的技巧

示例

现在我们讨论一下应对和控制愤怒的一些实用技巧。这里有几个例子,有助于我们应对愤怒。尽管在我们任何一次愤怒时都可以使用这些技巧,但是只有在愤怒模式的恰当阶段应用,才能发挥它们最好的效用。首先我们将会描述每一种技巧以及使用的最佳时间,之后我们会将其应用到范例中。

利用表 4-3 进行下面的讨论:

表 4-3 愤怒控制技巧

技巧	描述	何时应用
倒数	静静地从十倒数	你刚意识到自己的愤怒时(情绪反应)
假定语句	当你决定做什么时,问自己"如果我……,那么……会发生"	你决定做什么时(决定)
自我对话	告诉自己,"冷静","放松","不在乎"	你刚意识到自己愤怒时(情绪反应)
自我评价/思考	考虑你想得到什么以及获得这样事物的最好办法	你想实现什么以及实现它的最好方法(决定)

• **倒数**表示静静地从十倒数。当你刚意识到你愤怒时(情绪反应阶段),这是一种很好的方法。可以给你足够的时间考虑你该做的事情,或者也可以冷静下来。

• **假定语句**表示扪心自问一下,如果你做了一些事,会发生什么。当你应对环境或问题(决策阶段)时,它会发挥很好的作用。假定语句可以帮助你了解行为的后果,可以让你做出更好的选择。

- **自我对话**表示自己对自己讲话,就像一个好朋友让你冷静时说"冷静","放松"或"我们开始"。当你开始意识到愤怒时(情感反应阶段),这能发挥很好的作用。它的目的是让你冷静。

- **自我评价/思考**表示思考你想得到什么以及怎样才能得到。当你在应对环境或问题时(决策阶段),能够很好地发挥作用。目的是帮助你得到你想要的。

内容七:运用控制愤怒的技巧

把表 4-4 分发给学生,大家一起讨论和解释。

表 4-4　例子

反面例子: 情境:你在排队等午饭时一个人出现了,并和你前面的人谈话,就像一个前进的队伍中插进来一个人,而且进行谈话(激发)。你想知道这个人仅仅是和一个朋友谈话,不久就离开还是故意插队。你认为他是插队(解释)并愤怒了(情绪反应)。你考虑你该做什么并决定对他大吼(决定)。你离开队伍,走近他并说:"喂,不许插队,白痴!到最后去!"(行为)。他也对你大吼,说了一些愤怒的话。你推了他,之后你们互相推、撞。因此,你们被叫到校长办公室,并限制五天的活动。之后你们错过了那周的考察旅行(结果)。
正面例子: 情境:你在排队等午饭时一个人出现了,并和你前面的人谈话,就像一个前进的队伍中插进来一个人,而且进行谈话(激发)。你想知道这个人仅仅是和一个朋友谈话,不久就离开还是故意插队。你认为他是插队(解释)并愤怒了(情绪反应)。为了冷静,你静静地从十倒数(倒数)。之后你告诉自己:"冷静,放松。"(自我对话)你考虑该做什么。你想出几种选择,并问自己做了之后会发生什么(自我评估)。接着你问自己想得到什么,挑选出能达到目的的选择(自我评估)。你决定说几句话,但不想打架(决定)。你冷静地走近那个学生,问:"你是在排队还是仅仅在和你的朋友讲话?"他说:"都是的。"你说:"这对排队的人不公平,我想你应该到后面排队。"他道歉,之后去排队(结果)。

用你自己的例子或给出的例子,阐述愤怒模式。

回顾表 4-4 中的反面例子,讨论下列问题:

1. 什么情况下会出现这种结果？
2. 什么地方出错了？

⬜ 示例

现在我们将重复上面的情境，并说出我们学习的控制愤怒的技巧。我会给你们示范愤怒控制技巧的正确应用。

回顾表 4-4 中的正面例子，讨论下列问题：

1. 什么情况下会出现这种情况？
2. 为什么出现这种情况？
3. 有什么不同？

内容八：实践或应用

学生角色扮演：

呈现给学生一到两个你或他们制定的情境。指导学生在情境中标明愤怒模式。之后，把学生分成两人一组或三人一组，要求他们通过角色扮演把控制愤怒的技巧应用在正面例子中。

讨论：

在学生完成角色扮演后，选出其中一组进行讨论。让学生拿出标有愤怒模式阶段的例子。

问题讨论：

1. 什么情况下会出现这种情况？
2. 为什么会出现这种情况？
3. 运用的技巧是什么？

内容九：结尾

把学生聚集在一起，回顾步骤和目标。回顾不同的技巧，并总结关键点。

⬜ 示例

今天我们学习了愤怒的六个阶段，包括：(1)激发；(2)解释；(3)情绪反应；(4)

决定;(5)行为;(6)结果。我们也学习了应对愤怒的四种技巧,包括:(1)倒数;(2)假定;(3)自我对话;(4)自我评估。

内容十:测试

如果进行测试,要阅读说明书和测试原则。

内容十一:家庭作业

分发家庭作业,即表4-5《愤怒控制作业表》。

表4-5 愤怒控制作业表

描述最近你看到的或者你经历过的一件使你愤怒的事。确定在你的描述中包含愤怒模式的每一个阶段。
在你的描述中标出愤怒的阶段,如下所示。把数字写在你所描述内容的恰当位置上。 1. 激发 2. 解释 3. 情绪反应 4. 决定 5. 行为 6. 结果 用你所学的控制愤怒的技巧,标出哪个技巧可以用在所描述的情况中,并讨论怎么应用。

活动五　了解他人的情绪

【目的】

教会学生怎样识别他人的情绪,并采取不同的观点。

【目标】

1. 学生能用生理线索来了解他人的情绪。
2. 学生知道怎样站在他人的立场考虑问题。
3. 学生能够把该辅导程推广、应用到在不同时间、背景出现的问题。

【内容】

内容一:回顾

复习前面的知识:回顾先前的任务及主要观点。包括 3~5 个观点。

示例:

我们上次学习了怎样应对和理解愤怒。如果你可以告诉我们上次辅导学习的主要内容,请举手。

然后,提供反馈。

内容二:介绍说明

清楚地表达目标。

示例:

今天我们要学习一种叫做移情的技巧。我们将学习怎样关注他人的情绪,感受他们所想的,并用我们所学的来了解他们。

内容三:命名并定义技巧

让学生熟悉表 5-1 的定义,并进行讨论。

表 5-1

> **情绪**：一种对情境的反应。
> **移情**：理解他人的情感或情绪。
> **视角/观点**：每个人经验中的感受和观点。
> **线索**：你能看到的并能够反映出他人的一些情况的信号。

用自己的语言或下面的表述,向学生表达以下观点：

1. 依据视觉线索是有可能辨别一个人的情绪的。
2. 在相同的情境下,人不一定会用相同的视角来看问题。
3. 倾听他人以了解其情绪是重要的。

示例

移情的第一部分是发现他人的情绪。我们可以询问他的感受,但是首先我们要尝试通过线索来了解他的感受。如果我们能找到线索,那么我们能够猜到他们的感受。之后我们要试着站在别人的角度去考虑事情。即使在相同的情况下,不同的人也有不同的感受。如果我们能够发现别人的视角,我们就能够更好地理解他们,并更好地与他们相处。

内容四：模仿

调查学生关于情绪和线索方面的知识,这些知识有助于帮助他们辨别别人的情绪。

给学生举一些不同情绪的例子。可以让学生参与,但前提是他们的例子是准确的。

高兴的：微笑,张开双臂,挺直腰杆,昂首挺胸、兴高采烈地走着。

伤心的：低着头,双臂紧闭,拖拉着走路,哭泣。

愤怒的：撅起嘴巴,皱眉,紧握拳头,脸红,双臂交叉,快步前进,颤抖,有威胁的目光接触。

恐惧的：低头，睁大眼睛，后退，颤抖。

窘迫的：把头转过去，耸肩，脸红，避免目光接触。

用动作来表现一种情绪，一人一次。让学生猜测这是一种什么样的情绪。如果大部分人能正确地猜出，就将形容这种情绪的词语写在黑板上，询问他们是怎么知道的。在词语下面列出他们给出的生理线索。如果大部分人猜不出，教会他们怎么寻找线索。训练学生，直到他们能够正确分辨出五种情绪，并能说出他们是怎么知道的。

注意：如果学生不能掌握情绪的线索（例如识别五种情绪），你就要花很多时间在这上面。这样一来，你要把一次辅导分成两次辅导，上次辅导剩下的时间用来讲情绪的线索。你要通过正反面的例子一个一个地教授情绪，也可以让已经掌握的学生进行配合。

内容五：整合关键概念

这一部分可以分开教授或利用例子来讲，在教学中贯穿模拟情景或学生角色扮演。

首先从情绪线索的角度进行讨论。可以用提供的脚本或者用自己的例子。

示例

现在我们知道所要寻找的线索了。我们尝试着通过观察一个人来了解他的情感。但是，为什么我们想知道别人的情感是怎样的？

向学生表达下面的几个重要观点：

1. 设法指导我们做了某件事后或在特定的情境下，人们可能的反应。
2. 要站在他人的立场上考虑问题。
3. 更好地理解他人。

内容六：实践应用

小组学生角色扮演：把学生分为四组。

把表5-2作为情境脚本。你可以一起影印这些情境，以减少每个情境之间的分离情况。

表 5-2 情境脚本

年幼组

情境 1：你是张畅，今天是星期四，正常上辅导，但是你很沮丧。你父母说如果你周一不考试，就可以和他们一起去海边。因此，只要在这个周末之前考试，你就可以去海边，你就会很高兴。

情境 2：你是赵青云，今天是周四。因为明天是你的生日，所以你很兴奋！但是在周一有一场数学考试，老师说明天会举行一个大的考前动员会。可是，你很期待你的生日聚会，如果不举行你就会很伤心。

情境 3：你是王晓，今天是周四。因为大考在周一进行，所以你很兴奋，你在欧洲工作的父亲将要回来，而且周五会带你去动物园。他说只要周五没什么重要的事，就一定会带你去动物园。庆幸的是考试不在周五，否则你就不能去了，而且如果那样的话，将会使你非常愤怒。

情境 4：你是潘伟，今天是周四。周一有一场数学考试，你的数学不好，你父母说你要考好，所以你将用整个周末的时间准备考试。但唯一庆幸的是，明天不是考试的日子，否则会让你很恐惧。

年长组

情境 1：你是张畅，今天是星期四，正常上辅导，但是你很沮丧。因为周一要考数学，这个周末不能和朋友一起去海边了。只要在周末之前考试，你都可以去海边，那会让你很高兴！

情境 2：你是赵青云，今天是周四。因为明天是你的生日，所以你很兴奋！但因为周一有个数学考试，你父母说今晚你和你的朋友可以举行一个聚会，但是前提是你完成了学习。你很期待聚会，如果不举行你将会很伤心。

情境 3：你是王晓，今天是周四。因为大考在周一进行所以你很兴奋，因为足球赛在周五举行，你是明星前锋。庆幸的是周五没有考试，否则你会因为前一天晚上的学习而感到疲劳，那会让你很愤怒。

情境 4：你是潘伟，今天是周四。周一有一个数学考试，你的数学不好，你担心如果做得不好会不及格。你将用整个周末的时间准备考试。但庆幸的是明天不会考试，否则那样会让你很恐惧。

你可以用表 5-2 提到的情境,或用自己的情境进行表述,但关键的是选择最适合学生的情境。例如,这些情境可能是当下普遍的或是重要的局部事件。完成情境脚本后发给每个学生。

当学生阅读过情境脚本之后,让他们选出一个人来扮演该角色或者整组都参与扮演。鼓励他们展示之前学过的生理线索,询问整组学生(或学生代表)他们的观点是什么。让学生之间交换情境脚本,之后询问如果他们是另外一个人会有什么感受。询问他们在相同的情境下,彼此之间怎么会有不同的观点,之后问为什么了解他人的观点很重要。

示例

同学们早上好。我要讲一些事情。很抱歉,我们的数学考试本来是周一进行的,但是明天就要进行。考试将取代原本明天计划要做的事。

让学生付诸行动。

内容七:结尾

把学生聚集在一起,回顾之前所学到的步骤和目标。

示例

当一个人有困难的时候,尝试自己是否能找出线索以发现那个人的情感。(建议:让学生模仿情绪)

重述一遍辅导程目标。

示例

今天我们学习了怎样使用移情,如何认识别人的情绪,怎样站在别人的角度考虑问题,以及如何提供支持。请你们考虑一下,能否运用今天所学的技巧更好地理解你的朋友和家人,并发现他们看待问题的视角。

内容八:测试

如果进行测试,要阅读说明书和测试的原则。

内容九：家庭作业

分发家庭作业，即表 5-3《移情作业表》。

表 5-3　移情作业表

姓名：_____　　日期：_____

思考两次你可以辨别别人情绪的时候。

1. _____
   _____

2. _____
   _____
   _____

你是怎么辨别的？（你注意的线索是什么？）

1. _____
   _____
   _____

2. _____
   _____
   _____

你做了什么或者你能够做什么来帮助这个人？

1. _____
   _____
   _____

2. _____
   _____
   _____

现在思考一下你的一个朋友会遇到的困难有哪些，并思考用所学的技巧来理解这个人的情绪的一些方法。

活动六　理清思路（Ⅰ）

【目的】

指导学生学习情绪是怎样变化和发生作用的，并且学会识别消极的思维模式。

【目标】

1. 学生将会提高对情绪的认识能力。
2. 学生知道识别消极思维模式有助于建立健康的生活方式。
3. 学生能够识别常见的思维错误。
4. 学生能够把消极思维模式和错误思维的知识应用到他们的生活中。

【内容】

内容一：回顾

复习先前的知识：回顾先前的任务及主要观点，包括 3~5 个观点。

示例：

上次学习了我们如何认识和了解他人的情绪，那么现在请你告诉我们，我们上次辅导学习了哪些主要内容。请举手。

然后，提供反馈。

内容二：介绍说明

清楚地表达目标。

示例：

今天我们将继续讨论关于情绪的话题。我们将看到情绪也有不同的强度，就像用温度计测量温度一样。我们将学习辨认消极的思维情绪，这有助于我们建立一种健康的生活方式。

内容三：活动 1

在这个活动中，要求学生识别使他们经历包括愤怒、伤心、恐惧之类情绪的环境是怎样的。然后，再选出合适的水平或情绪强度。

示例

首先，我会请你们其中的一个学生，自愿回想一次你愤怒的时候，之后再用这个温度表的图片向你们解释他在当时那种环境下的情绪水平。涂第一行表示一点点愤怒，涂最下面一行表示很愤怒，在二者之间要涂中间一行。你们哪一位愿意分享一下自己的经历？

允许学生和群体分享相关经历，并指出情绪强烈的程度或用温度表表现情绪。

内容四：活动 2

用图 6-2 的内容解释相关活动。

- 双眼视觉：一种看事物比实际大或小的方式。 
- 黑白思想：以极端的方式看事物。例如，把事物看成非好即坏。
- 墨镜：只看到事物的消极一面。 
- 算命：没有根据就猜测将来会发生什么。 
- 针对自己：不是你的错，还要责备自己。

图 6-2

在这个活动中，学生将会描述一些常见错误思维的不同类型。学生会得到说明五种思想错误的脚本，并识别所展示的是哪一种错误。

示例

现在我们要讨论情绪怎样会出现不同的度。当我们的情绪很强烈时，我们会因为思考的方式不妥而做出错误的决定。通过识别我们的消极思想，就能够决定我们是否会因为思考方式有问题而犯错误。我们将讨论五种常见的错误。

让学生针对五种错误进行提问。

把图 6-2 的内容应用到表 6-3 中，并且每次只说一个来阐述思想错误。

表 6-3

1. 张超辉的父母要离婚了。他认为这是他的错,因为前不久他惹了麻烦。
2. 钟筱悠的老师建议她竞选班长。因为知道没人会选她,所以不会参加竞选。
3. 李维在拼写测验中考砸了。现在她认为自己是班里最差的学生。
4. 潘宇在足球训练中得到了教练的表扬和鼓励。当他快结束训练时,教练说他要在家好好练习带球。潘宇因为带球不好而心烦。
5. 朱明因为没有倒垃圾而惹了麻烦。他认为,"我总是个坏孩子,而我妹妹一直是个好孩子"。

读过表 6-3 的内容之后,问学生:

以上情境中分别出现了哪种错误?

要求学生确认发生了哪一种错误,如果学生回答错误了,进行纠正。

答案:

情境 1:针对个人

情境 2:算命

情境 3:双眼视觉

情境 4:墨镜

情境 5:黑白思想

利用这个联系,让学生应用学到的知识进行思考。让学生灵活地运用,但要强调正确答案不止一个。

内容五:解释家庭作业

布置家庭作业,如表 6-4。

列出你的 4 次消极思想并写出所犯的错误类型。

表 6-4　家庭作业

你的消极思想	所犯错误类型

要求学生列出他们的 4 次消极思想，并指出犯了哪种错误。在解释作业时，学生要列举一次自己经历的消极思想的例子并指出错误类型，可以用填表来展示怎样使用。

重要的是：在辅导程结束前，学生至少要举出一个例子，这样他们将会为下次辅导做好准备，这也是后续的活动。在辅导程结束时说：

下次辅导，请把你的作业完成并带到辅导活动中，这很重要，因为我们将会用到你的例子。

内容六：结尾

重述辅导程目标。

示例

今天我们讨论了我们的情感范围。我们知道识别消极思想模式有助于建立健康的生活模式。我们也识别了常见的思想错误。至于家庭作业，要求你们列出在你们生活中的消极思想模式并指出其错误类型。

回顾不同的技巧并总结关键点。

预览一下下次辅导的思路。

> **示例**
> 下次我们将学习识别出消极思想后,改变它的方法。

内容七:测试

如果进行测试,要阅读说明书和测试的原则。

内容八:家庭作业

告诉学生,完成家庭作业并交回作业表是很重要的。

活动七　理清思路(Ⅱ)

【目的】

向学生提供应对消极思维模式相关的应用性技能。

【目标】

1. 向学生提供应对消极思维模式的具体技能。

2. 向学生提供从已知(有证据支持的)的消极想法中辨别有害而又无处不在的消极思维模式。

3. 通过代表现实困难的脚本积极练习如何应对消极的想法。

【准备】

收集家庭作业。

【内容】

内容一:介绍

阅读以下文字或用自己的话描述并回顾"清楚的思考(第一部分)"的主要观点。

示例

在我们上次见面的过程中，我们谈到了识别消极思维的方法以及如何找出导致消极想法的错误。

使用图 7-1(在上周也使用过)。

图 7-1　拿在手里或挂起来

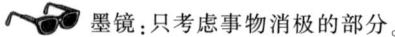

望远镜：这个方式使得我们看到的东西会比实际的看起来更大或更小。

非黑即白的思维：极端或对立地看待事物。例如，把事物分成好的和坏的，从不这样或者总是这样，全部或没有，朋友或敌人。

墨镜：只考虑事物消极的部分。

预言：在没有足够的依据的情况下对将来作出预测。

个人归因：把并非自己的过错归在自己头上。

示例

我将再次向你们展示那些思维中的错误，因为在今天的辅导程中，我们将开始进一步学习如何改变消极思考的方式。

依据现实情况，电子游戏的例子也可以作为类似的方法加以使用。

内容二：回顾——命名和定义技能

呈现一系列上节辅导的要点问题和答案。使用这样的问题："你能告诉我关于这个的一些东西吗？"一次呈现一张图像，并提供暗示或反馈。

思维错误：

望远镜：透过这个方式使我们看到的东西会比实际的看起来更大或更小。(例如：你被邀请参加一个海滨聚会，那有很多好玩的东西，但你却不会游泳或是不愿意穿上游泳衣，并且这是你所能想到的全部。)

非黑即白的思维：极端或对立地看待事物。例如,把事物分成好的和坏的,从不这样或者总是这样,全部或没有,朋友或敌人。(例如:一个朋友今天要和某人同居,我决定他不再是我的朋友。)

墨镜：只考虑事物消极的部分。(例如:今天对我来说很糟糕,老师没有叫我回答问题,我的朋友拒绝和我聊天。)

预言：在没有足够的依据的情况下对将来作出预测。(例如:李娜不会喜欢我送她的这个礼物。)

个人归因：把并非自己的过错归到自己头上。(例如:如果不是我拦住这条狗并和它玩耍,它就不会被自行车撞到。)

内容三：讨论

用你自己的话或与给出的例子相类似的事例,说说为何并非所有的消极思考都是不好的。

示例

并非所有的消极思考都是不好的。有时,当情况的确很糟糕时,消极的思考是很正常的反应。这些消极思考帮助我们作出决定。例如,你可能觉得攀登一座很高的山是不好的,因为你觉得你没有准备好这么做,并且你的确感觉到你可能会摔伤。当你这种"消极思考"合情合理时,你也许会发现这种想法是对的。例如,你从未爬过山或你没有合适的装备。

用以下例子,或用你自己的话向学生描述识别消极思考模式和思考错误只是整个过程的一部分。用与以下所述相类似的方法描述整个过程：

(1)识别消极思考模式；

(2)对想法的正确性作出评估(换言之,是基于思考错误的还是基于现实依据的)；

(3)(如果是基于思考错误的)用取代、驳倒或重构的方式摆脱这种想法。

现实依据：

> **示例**

我们都知道各种各样的思考错误是怎样的,并且如例子中所说,会如何导致消极的想法。那么我们该怎么做呢?消极思维的产生只是整个过程的开始,下一步我们就必须弄清楚消极想法是否有合理的依据。我们可以通过问自己一些关于消极想法的问题来搞清这一点。现在我们来看看,当我们有了消极的想法时,把它写下来会怎么样。

用表 7-2 讨论如何使用依据来检验我们的想法。

表 7-2 依据

消极的想法	依据是什么?		它是现实的或合理的吗?	那么我们该怎么办?
A. 我的朋友从不在玩球时选择和我一边,他讨厌我。	支持?在过去的一周里,每当我们玩球时,我的朋友马萧从不选我。	不支持?他在我家玩。我们一起吃午饭。他与我开玩笑。他对玩球很在意,而我不是。	如果他讨厌我,他很可能不会选择和我待在一起,甚至不愿意和我说话。	我应该不去想他是不是讨厌我。
消极的想法	依据是什么?		它是现实的或合理的吗?	那么我们该怎么办?
B. 我跳舞跳得很糟糕,我永远也进不了舞蹈队。	所有的学生都跟得上舞蹈节奏,而我一直不行。我在两次选拔中都失败了。	我不能预测未来。	队长为入队的人提供特别的装备,而至今我还没能用过那些东西。估计下次我也进不了舞蹈队,这是很正常的,但我不知道以后会怎样。	如果我不能进舞蹈队,我会去干别的我能干的事。最坏的可能是我这段时间必须去寻找其他兴趣。我不该再去想我永远也进不了舞蹈队这件事了。

重构:用自己的话或用以下范例帮助学生理解重构的概念。

> 示例

重构指改变整个消极的想法。为赶跑各式各样的情境可能使我们产生的消极想法,我们有许多的事可做。其中之一叫做重构。

在这里用表 7-3 作为材料,讨论如何识别思维错误及如何使用重构、重新定义使消极的想法转变为积极的想法。

表 7-3　重构

我的消极想法是什么?	我犯了什么思维错误?	更实际的想法是什么?
家里的一切都很糟糕。	墨镜	家里的有些事情现在看起来的确很糟糕,但也有一些不错的事情。
我不可能找到暑期工作。	预言	到现在为止我还没有找到暑期工作,但我还有几周时间去找到一个。
我和爸爸经常吵架,这真糟糕。	望远镜	尽管吵架时有发生,然而大多数时候我并不和父亲吵架。

内容四:活动

重构讨论:对之前的例子进行讨论之后,就可以开始用从"清楚的思维(I)"那次辅导布置的家庭作业中选取的一些场景做一些重构的练习。应用这些现实场景,学生能够看到重构、重新定义和识别思考错误在日常生活中是多么有用。在黑板上演示如何解决这些场景中的问题。

> 示例

我想请愿意配合我的学生进行角色扮演,表现写家庭作业时的一些情况,让你们模拟能使人产生消极想法的情景。

内容五：结束

串联整节辅导的一些想法来结束本次辅导程。学生可能会有一些问题想问，或有一些关于整节辅导的想法想谈一谈。鼓励学生经常使用这些技巧。

> 示例

把图 7-4 分发给学生看。

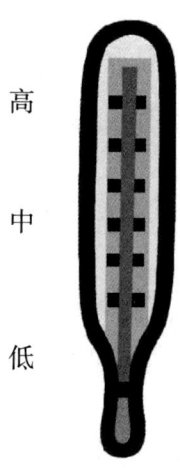

图 7-4 "温度计"

每个人都会有消极的想法。有时我们必须决定我们是否应该改变它们。我们也可以用类似温度计的工具来进行判断。如果我们的消极想法越来越强，那么为了控制我们的情绪，我们应该重新审视我们的想法。正如我们在前面的辅导中所学到的，有时消极的想法是不能够取消或改变的。在这些情况下，关注积极的事物就显得十分重要。

活动八　积极思考的力量

【目的】

教会学生如何改变他们的消极想法和信念。

【目标】

1. 学生将能够精确地列出 ABCDE 学会乐观的过程。

2. 学生将能够辨别积极与消极思考的不同。

3. 学生将在辅导的场景中应用积极思考的步骤。

4. 学生将能够在日常生活中应用辅导中所学到的技能。

【内容】

内容一：复习回顾

复习之前学习的知识：回顾并讨论之前的辅导内容和主要观点，提出3~5个适当的观点。

示例

在我们上次的辅导中，我们讨论了如何识别和摆脱消极的想法。请举手说说我们上次辅导所学的一些重要内容。

然后说明学生所述是正确还是错误的，并给予反馈。

内容二：介绍

清楚地表达目标。

示例

我们今天将讨论积极的思考。我们会学习什么是积极的思考，以及学习帮助我们识别和改变消极想法的技能。

内容三：命名和定义技能

呈现表8-1的内容，并讨论相关词汇。

表8-1 重要术语

自我控制：控制你自己行为的能力，尤其是你的活动和想法。
个人控制：相信你能够控制你人生中的重要事情。
乐观：相信、期望或者希望事情会向好的方向发展。
悲观：总是觉得不好的事情会发生。

用你自己的话或像示例所描述的一样,向学生传达以下主要观点:
1. 积极的想法是从积极的角度看待世界,期待好的结果并准备好迎接困难。
2. 积极思考是健康心理所需的。
3. 消极的想法包含不高兴、生气或你心里令人不快的想法。
4. 消极的想法有时会发生,但不应该比积极或中性的想法多。

示例

积极思考指对你或你观察到的生活事件有好的期待。消极的想法是对你或你观察到的生活事件有不高兴或生气的想法。有时有消极的想法是很正常的。了解消极的想法是好的,也是很重要的事,因为这会帮助我们在下次把需要做的做得更好。但消极的想法与积极的想法必须是平衡的。

提出一些一般性的问题激发学生的思考。
1. 你产生消极想法的原因是什么?
2. 当你过多地责怪自己的时候,消极的想法会产生吗?
3. 当你不认为你能控制发生什么时,消极的想法会产生吗?

内容四:命名和定义练习

呈现表 8-2 的内容。

表 8-2　ABCDE 计划摆脱消极的想法

A 是让我感到不快的任何问题或情境。
B 是不快情境中的糟糕或没用的想法。
C 是当我出现消极想法时产生的可怕感觉。
D 是决定:我决定战胜使我感到弱小或自责的消极想法或信念。我会寻找使我感到有希望和有帮助的信念。
E 是享受:我会保持开心的感觉,那会使我觉得并非所有的事情都那么消极。

介绍 ABCDE 计划,它是帮助我们想起如何积极思考的工具。
A:我无法控制的任何困难,想想你可能在家或学校遇到什么困难。

B:糟糕的想法让我认为都是我的错。

C:可怕的感觉让我感觉更糟糕。

D:决定不再忍受那种可怕的感觉。为了不再用消极的方式看待问题,你该对自己说什么?

E:享受我能够控制如何看待自己的感觉。当你不再有消极的想法而已经产生积极想法的时候,你感觉如何?

内容五:阐明 ABCDE 模型

选择1:创建一个场景

鼓励学生思考一个可能激发消极想法的情境,提出建议使情境在学生中是普遍存在的,用这样提问的方式把场景拼合在一起。

(1)你在哪里?

(2)你和谁在一起?

(3)事情是在什么样的情况下发生的?发生了什么?

(4)你的反应如何?你怎么做的?

(5)当你感觉不愉快的时候其他人是怎么做的?

选择2:卡通场景

用表8-3讲述故事,并用以下提纲与学生进行讨论。

表 8-3

让我们谈谈我们所学到的: 乐观是积极的还是消极的? 乐观是什么? 悲观是什么? 什么是积极的思考? 开始积极思考的一种方法是什么? 我们如何才能感觉更好? 什么时候我知道积极思考起作用了?

接上表：

> 有消极的想法好吗？
> 你认为当你有许多消极想法的时候会发生什么？

(1) 自由活动时间你在教室里；

(2) 和你的朋友们在一起；

(3) 你们都正在决定接下来玩什么游戏，每个人都在提出自己的想法；

(4) 但，当你建议玩跳棋时，所有人哈哈大笑并说"不"；你感觉很糟糕，并且你无法使自己不去想这件事。

对场景进行讨论：

仔细探究这个场景和可能的消极反应。

示例

你多希望你从没建议过下跳棋。当你的朋友们继续讨论该玩什么时，你一直在想大家一定会认为你有多傻。你觉得这样的事情总是发生在你身上，并且认为如果你聪明一点或更受欢迎一点的话，你可能已经想到了更好的点子了。这些想法不断地在你脑中萦绕，挥之不去。无论你选择哪一种方式，用 ABCDE 的方法提出可以将消极思考转变为积极思考的方式。

提出关于场景中的问题并提供直接反馈。让学生明白，对于一些人来说，这样的情境会使人感到非常困扰。

卡通场景的讨论范式：

这个人在干什么？（糟糕的想法或感受）

(1) 猜想所有可能的结果。

(2) 觉得受到了打击。

(3) 小题大做。

他该如何看待这个情境才能摆脱不安？（决定）

(1) 他可以认为他建议下"跳棋"没什么不对，并且：

a. 他的朋友们即便不同意也应该更礼貌些；

b. 他的朋友们并没有什么特别的意思,他们只是迫切希望找到一起玩的游戏;

c. 他不该小题大做,因为所有人都已经不再谈论这件事了。

(2)他也可以认为跳棋的确不是最好的建议(因为他们或总是在玩跳棋,或只有一副棋盘,或没人知道怎么玩跳棋,或他们只有 5 分钟的时间等等)。

a. 大笑是因为每个人都会犯错。

你认为当你这样理解情境时,你会感觉如何?(享受)

内容六:例子与应用

如果时间允许,可以再设置一个 ABCDE 的场景。

学会乐观训练:

A(任何问题):蔡小明在数学辅导上答错了问题。

B(糟糕的想法):蔡小明相信老师一定很生气,并且整个班都会认为她很笨。

C(可怕的感觉):蔡小明感到沮丧并想"我希望我能离开这个教室再也不回来了"。

D(决定不再接受这种想法):蔡小明想:"好吧,我答错了问题,但这并不代表老师会生气。我们刚刚开始学习这些方程式,并且她也没指望所有的学生总是能把问题答对。班上的其他同学也不会觉得我很笨,因为他们有时也会答错题。"

E(享受):蔡小明想:"答错了题仍然让我感觉有点尴尬,但我不认为老师会生气,同学也不会认为我很笨。我不再希望离开这个教室。"

积极思考的例子:

a. 李晓修改变了她的信念,她不再觉得自己无法掌控能否进排球队这件事,并决定在家加强练习,并多参加校内比赛。

b. 张建安改变了他的信念,他不再觉得自己不能进辩论队是因为他的口才不够出色,而是认为今年的竞争中有许多更年长和更有经验的学生。

积极思考的反例:

a. 李晓修的确想要进排球队。她每晚看其他球员练习,并且认为自己不可能打得那么好。

b. 张建安希望他能够进辩论队。他认为他还不够聪明，并对他曾经尝试进辩论队而懊恼。

积极思考的例子：

a. 当李晓修最终进了排球队时，她告诉自己这是因为她刻苦的练习，这是她应得的。

b. 当张建安最终进了辩论队的时候，他对自己在与一些非常有才干的学生竞争中获胜感到高兴。

内容七：说说看法

表8-4 举例

休息时间，你与你的朋友们在教室里。你们正决定接下来玩什么游戏。每个人都提出自己的想法…… 　　突然你提议玩跳棋！ 　　糟糕的想法！可怕的感觉！ 　　每个人都嘲笑你，并说："不——！"你感到很难过，你觉得他们不喜欢你，也不想和你玩。你觉得提议玩跳棋很愚蠢。 　　幸好，你想起了用一些积极的想法战胜消极的想法。 　　决定不再接受可怕的感觉和糟糕的想法。 　　最终，你感到积极的思考使你精力充沛。

用表8-4中的例子来引导学生理解这个主题：

乐观是积极的还是消极的？

乐观是积极的。

乐观是什么？

乐观是感觉很好或积极地对待事物，并期待好的结果。

悲观是什么？

悲观是感觉糟糕或消极地看待事物，并认为事物会向坏的方向发展。

什么是积极的思考？

当我感觉沮丧或忧郁时,选择用不同的方式看待事物。

开始积极思考的一种方法是什么？

开始积极思考的一种方法是不再考虑坏的结果的可能性,不否认存在好的结果。积极思考与自我控制密切相关。积极思考还告诉我们,我们能够控制我们的生活和我们的想法。

我们如何才能感觉更好？

想想好事情会发生在我们身上。

什么时候我知道积极思考起作用了？

积极思考起作用了,表现在:意识到我不再把一切错误都归到自己头上。当出现问题时,我花几分钟思考除了责怪我自己之外还发生了些什么,我会发现其中的一部分并没有脱离我的控制。(我并没那么糟糕,情况并没有变坏)

积极思考起作用了当:我意识到当事情的确变好的时候,我可以也应该给自己一点信任,而不是认为这只是运气使然。(我做得很好)

积极思考起作用了当:我意识到,即使当我必须为一些消极的事情而自责,我也应该从中学习如何积极地面对未来。(习得的教训)

有消极的想法好吗？

你认为当你有许多消极想法的时候会发生什么？

内容八：家庭作业

> 示例

我现在告诉你们要做的家庭作业就是,请你们记一周的日记,关注让你们感觉不好的事物或情境发生时,你们的一些感受。关注你们是如何反应的,你们责怪了谁,为何责怪,以及从你们的错误中学到了什么。我不会读这些日记(因为这是私人的),但你们要在一张纸上写下你们日记中的一段,其中包括你怎么从错误中总结教训,而不是觉得大受打击。

活动九 解决人际的问题

【目的】

教会学生如何解决与其他人的冲突。

【目标】

1. 学生能够正确地列出恰当地解决人际交往问题的步骤。
2. 学生能够恰当区分解决问题的积极和消极的案例。
3. 学生能够在教室这个环境中恰当运用解决问题的方法。
4. 学生能够运用本次辅导教授的技能去处理在不同时间或情境中出现的问题。

【内容】

内容一：回顾

回顾在先前辅导中学过的知识，回顾或讨论"积极思考的力量"这一辅导的目标和关键的概念，问3~5个主要观点。

示例

在上次的辅导程中，我们讨论了积极思考的力量。那么你们能不能告诉我，积极思考的重要概念或它的一些例子？请举手。

然后提供反馈。

内容二：介绍

清楚地说明本次辅导的目标。

示例

今天我们来学习解决冲突的技能，或者也可以说是问题解决技巧，学习怎样解决冲突。我们先学习它是什么样的，然后我们一步一步地练习解决问题。

内容三：技能的定义

把表9-1作为参考资料，来定义相关术语。

表9-1　定义

> **冲突/问题**：发生在两个或两个人以上，或两组或两组以上人之间的不一致。它可能是意见的不同、目的的不同、要求的不同或者是能力的不同。有时候，冲突的内容是完全对立的。
> **缓解**：找到解决方法或解决问题。
> **解决**：修补、改善或解决。
> **问题解决/解决冲突**：用有用的或有建设性的方法去讨论主题，然后找到对大多数人来说是最好的达成共识的方法。

(1)冲突/问题：两种不协调或不匹配的东西，或不能一起共处的事物。

(2)缓解：找到或发现一种答案，解决一个问题。

(3)解决：修理、修补或解决。

(4)解决问题/缓解冲突：用一种有用的或有建设性的方法来讨论一个主题，找到一些方法以达到一致。

内容四：讨论

用你自己的话或下面提到的例子来向学生传递以下主要的观点：

(1)不是所有的冲突都是不利的。它们也可以是中性的，甚至是好的；

(2)它们与人类的行为存在内在的关联，你可以在冲突中学习；

(3)冲突不一定都是以"成功"和"失败"结尾的，冲突的结果可以是大家都满意的。

示例

问题有时也叫冲突或不一致。它们不都是坏的，也不都是想要避开的东西。事实上，问题是有用的，它们可以提供一个学习或获取信息的机会。不是所有的问题或不一致都是以一方成功一方失败而结尾的。人们可以解决冲突，同样，它们也可以不以同意另一方的观念而结束。有时候，人们能和平地同意或不同意和解。解决冲突是一种逐次逐步解决问题或不一致的方法。

表 9-2　解决冲突的四步骤

解决冲突的步骤：			
1. 定义问题 ☆其他人陈述他/她的需求和感觉； ☆使用主动和移情的倾听技巧； ☆用第一人称"我"描述你的需求和感觉； ☆总结大家的需求和感觉。	2. 头脑风暴解决 ☆每个人至少提出两个解决方案。	3. 选择一种解决方案 ☆它能解决所有的问题吗？ ☆每个人都愿意和解吗？	4. 达成一致 ☆所有人都必须接受这种解决方法并握手或签订协议。
结语： 当出现了问题时,定义冲突(问题是什么?),交换你的位置(每个立场在哪儿?)和你的兴趣(每个需求是什么?),使用移情技巧(其他人是怎么想的?)。至少提四个解决上述问题的建议,彼此达成共识。			

示例 1

当出现了问题时,一起讨论冲突,尝试从他人的角度来考虑这个问题,提出解决问题的建议。每个人都必须同意交给他(她)的解决问题的任务。

示例 2

当出现了问题时,一起来界定冲突,交流状态和兴趣,使用移情的技能,并交换观点。至少提四个可能包括上述内容的建议,然后找到令彼此满意的解决方法。

内容五：整合关键概念

我们会把该部分分开讲授,或者穿插在案例、模型或角色扮演等情景的辅导中去讲。

讨论与当前有关的或是能解决问题的事物。教学生从多方面进行考虑。讨论刻板效应或贴标签是怎样成为解决问题的绊脚石,产生刻板效应或给其他人贴标签会使我们更少地去听、去和解、去使用移情技巧,更有可能会歪曲事实。

内容六：模型

用你自己的或提供的例子，在辅导堂上模拟一个问题情境。叫一个学生志愿者或者自己扮演情境中所有的角色。最好是在辅导的最后提供一个角色扮演的机会。

示例

假设，你和你的同学在同一时间都想用教室里唯一的一台电脑。确定问题后，讨论每个人想要的，达成共享电脑的方案。

示例

假设，你的同学不遵守保密的约定，将你的秘密告诉了其他人，那么在小组之间讨论这个问题和每个人的需求。当然，最后的一个解决方法可能会是，你的同学向你道歉并且同意如果再犯同样的错误就不再是朋友。另外，你也答应原谅他。

内容七：积极和消极的例子

在学生讨论解决危险问题时，要考虑学校的规章制度、父母或其他监护人的规定。确定传授给学生解决问题的技能的合适性是很重要的。举个例子，在威胁生命的情景中，对于潜在的危险依靠个人解决问题，可能是没什么效果的。

在辅导堂上分析学生的问题情景。

示例

在体育辅导上，两个学生都想要同一个球。

在下面可能的解决方案中选择一种，可以提示：这是解决问题的例子或者这不是解决问题的例子。

1. 例子：两个学生了解了问题，清楚了他们的需求，头脑风暴解决，同意每个人玩球的时间相同，然后握了手。

2. 非例子：两个学生都很生气，相互打扰，其中一个学生告诉了老师。

3. 非例子：两个学生了解了问题，清楚了他们的需求，头脑风暴解决，但是在解决方案上没有达成一致。

4. 非例子：一个学生一旦意识到玩球有争议，他就立即不玩了。尽管这也许是一种选择。这个学生需要在内心进行判定这种情况下立即退缩，认为这也许是学校中的一种威胁,他应该对解决方案的四步骤不熟悉。

5. 非例子:两个学生了解了问题,但是只停留在第二步上,即为什么他们要这个球(用"你"这个代词)。

6. 例子:两个学生了解了问题,清楚了需求,头脑风暴解决,同意错开时间使用,然后把"话"传给其他人。

内容八:结束

让学生一起回顾目标和步骤。回顾不同的技巧,总结关键点。

示例

当出现问题时,一起定义冲突,尝试从他人的角度看问题,提几个能解决问题的建议。每个人都要赞成这种方法是能解决问题的。

回顾辅导程的目标。

示例

今天我们学习了关于解决问题或解决冲突的技能。我们学习了怎么正确使用这些步骤,以及这些都是怎么样的,然后还操作了这些步骤。我希望大家回去后能把这些解决问题的技能运用到家里、学校中以及和朋友之间的交往中。

内容九:测试或后测

如果要进行后期评估,请阅读说明以及测试原则。

内容十:家庭作业

完成家庭任务,表9-3《解决冲突》。

表 9-3　解决冲突

指导语：思考一个过去你碰到的与他人的冲突或问题。你是怎么处理的？怎么样才可以更好地处理它？使用今天学到的解决问题四步骤，提供该问题或冲突的一个新的解决方案。

阐述你的问题：
_____
_____
_____

使用这些步骤去解决问题或冲突，在下面写上该问题新的解决方案。
_____
_____
_____

可选择的情境(角色扮演)一：
你的兄弟或姐妹正在给你的彩画本上涂颜色。你以前告诉过他不能这么做，但是他又进了你房间拿了彩画本，并在你最喜欢的图片上涂颜色。你会怎么做呢？
_____
_____
_____

可选择的情境(角色扮演)二：
你的兄弟或姐妹进了你房间拿走了你最喜欢的夹克衫。你以前告诉过他/她不能这么做，但是他又进了你房间拿了这件夹克衫，并在你看到之前穿了一整天。现在这件夹克衫弄脏了。你会怎么做？
_____
_____
_____

活动十　远离压力

【目的】

教学生学会识别压力和缓解压力的方法。

【目标】

1. 学生能够识别自身或他人身上的压力信号。
2. 学生能够了解哪些情境能引起压力。
3. 学生能够了解处理压力的积极和消极措施的不同之处。
4. 学生能够识别和选择特定的缓解压力的方法。

【内容】

内容一：回顾

回顾先前辅导中传授的技能，回顾或讨论前面的任务和主要的观点，提出3~5个观点，并提供反馈。

> 示例
>
> 在上次辅导中，我们讨论了解决与人相处时产生问题的方法。你们谁能告诉我，我们在上次辅导中讲到的一个重要的观点？知道的请举手。

内容二：介绍

清楚地说明本次辅导的目标。

> 示例
>
> 今天我们来学习压力。我们可以找到一个缓解压力的方法来处理对很多事情的担忧。我们将学习怎样识别压力，并找到积极的方法去处理。

内容三：技能的定义

把表10-1作为参考资料，来定义相关的术语。

表 10-1 相关术语

> **压力**：一种不舒服的感觉，当你遇到困难时产生的害怕或担心的感觉，或当你承担的责任超出你承受能力范围时产生的感觉。
>
> **放松**：释放压力，放松身上紧张的肌肉，找到一种可以忽视那些会打扰但不会立即威胁到我们的事物的方法。
>
> **压力信号**：
>
> 手或身体在晃动；
>
> 拳头紧握；
>
> 咬牙切齿；
>
> 肌肉紧张；
>
> 感觉你做不到；
>
> 害怕/担心/紧张。

用你自己的话或下面的示范来把表 10-1 的概念教给学生。

1. 问学生是否经历过压力。

示例

你感受过压力吗？

你是怎么知道的？

如果你感觉到有压力，你会怎么说？

2. 同一情景对不同的人来说可能会产生压力也可能不会产生压力。

3. 听别人说他们的感觉是很重要的。

使用表 10-1 中关于压力的信号或让学生列出自己的压力。

如果一些学生不能识别压力，你可以让他们体验这些信号，让他们在这些"压力"下完成任务。

内容四：讨论或模型

让学生举一些生活中处于压力情境下的例子。当然，你也可以用下面的例子。

> **示例**
>
> 　　人们有时会没有压力；有时大多数人感到有压力；有时只有一个人感觉到有压力，而其他人没有感觉到压力的时候。当有些人过了很差的一天后，他们可能会感觉到更大的压力。在你生活中，你什么时候会感觉到有压力呢？
>
> 　　如果有必要，可以选一个与学生相关度更高的情景。首先，你可以口头描述这个情景（也可以让学生自己读描述这个情景的文字），然后让学生模拟这些情景或让他们说说有什么感觉。有些学生可能会感觉到压力信号，有些学生可能不会有压力的感觉。不同的学生在相同的压力情境中会有不同的感受。提醒学生关注那种感觉，同时你不要提供解决的方法。
>
> 　　关于学校的例子：
>
> 　　蔡磊忘记今天要考英语词汇了。他忘了复习了。老师来进行测验了，蔡磊坐着盯着他的试卷。他现在有什么感觉？
>
> 　　关于社会的例子：
>
> 　　在学校舞会上，方小柯想要请丁伟跳舞。她不确定他是否会接受自己的邀请，每次她去找他的时候，他都在和其他人说话。然后她不小心就把果汁洒在裙子上了。正当她走去把裙子弄干净时，撞到了丁伟身上。他转过来，看着她。方小柯会有什么感觉呢？
>
> 　　关于人际交往的例子：
>
> 　　王丽把她的公交钱都买了糖果吃。现在天黑了，她在公交车站，准备回家。但是她没有钱坐车或打电话回家。她现在有什么感觉呢？

内容五：练习

　　想一些其他的情景或用之前提供的情景，然后进行头脑风暴、消极和积极的方法来处理这些压力。问学生他们怎么知道这种解决方法是积极的还是消极的。

> **示例**
>
> 　　现在我们知道了什么是压力，什么时候我们会感受到压力以及我们缓解压力的方法。对待压力的方法有积极的也有消极的。现在我们来讨论人们处理压力时所

采用的积极的或消极的方法。

1. 蔡磊忘记词汇考试的复习了。他消极的处理压力的方法是什么？积极的又是什么？

2. 方小柯想请丁伟跳舞。但是她把果汁洒在了裙子上，她还撞到了丁伟。她消极地处理压力的方法是什么？积极的方法又是什么？

3. 王丽花了公交钱，现在她要回家。她处理压力的消极方法是什么？积极的方法又是什么？

内容六：应用

帮学生想几个特定的缓解压力或应对压力的方法。鼓励学生分享自己过去或现在可能采取的方法。如果没有学生自愿讲述自己的方法，那么下面列出了主动应对压力的方法。

- 和朋友一起讨论问题；
- 进行体力活动(锻炼、滑板运动、跳舞等)；
- 面对自己感到害怕的境况时，不去担心它。

示例

现在我们来讨论释放或缓解压力的方法。当你感觉到压力或面对有压力的局面时，你可以尝试什么方法？想象一下你在感觉到压力时是怎么做的。

内容七：活动

告诉学生其他放松的方法，使用下面提供的方式进行训练，包括简短的关注自己呼吸时的肌肉放松，一些学生会发现这些训练会很有效，但是部分学生可能会发现没有什么效果。把表10-2分发给学生。

表 10-2 让我们远离压力

当你觉得自己有压力时,尝试以下步骤。最后你会发现你的肌肉放松了,你的头脑清晰了。

1. 找一个不嘈杂的地方,在这里你可以舒服地闭上眼睛;
2. 当你找到一个安静的地方,在舒服的地方坐下来或躺下来;
3. 现在你可以闭上眼睛了;
4. 仔细聆听你的呼吸:深吸一口气,慢慢地呼出,感觉你随着呼气而放松。继续听你的呼吸;
5. 让你的肌肉一点一点地紧张。吸气并紧张肌肉,呼气并放松肌肉。注意当你放松时,肌肉有什么感觉?
6. 让你的全身放松,继续慢慢地深呼吸;
7. 想象自己在最喜欢的地方,非常放松、平静。想象自己的担忧都被装进了一个盒子,并被高高地放在架子或树上;
8. 安静地坐几分钟。

示例

我们来尝试一种专业的放松训练。尝试一下,看看你是否能放松。

根据下面所列的步骤进行训练(来自 Merrell,2001)。

1. 每个学生先找到一个自己认为舒服的地方。

2. 在空间允许的情况下,在地上或沙发上,找一个自己舒服的、放松的姿势。

3. 让他们安静地坐下或躺下。如果可能的话,将灯光调暗。用镇定、清晰的声音大声地读出接下来的步骤。

4. 闭上你的眼睛。

5. 关注你的呼吸,深深地吸一口气,然后慢慢地呼出来,感觉随着呼气让自己放松。

6. 一点点地收紧肌肉,然后放松。注意当你放松肌肉时,它们是怎么平静下来的。

7. 让你全身放松,继续慢慢地深呼吸。

8. 想象自己是在最喜欢的地方,非常地放松、平静。如果在你放松时,有什么东西打扰了你,那你就想象把这些担忧放进一个盒子里,然后暂时高高地挂在树枝上或架子上。

9. 安静地坐几分钟。

内容八:结束

和学生一起来回顾目标以及各阶段的主要内容。回顾技能,并总结关键点。

示例

每个人感觉到的压力和别人感觉到的都是不同的。如果你知道会感觉到压力,那么请提前计划,使压力减小。如果你感觉到了压力,想想我们讨论过的放松的方法。

回顾辅导程的目标。

示例

今天我们学习了压力和放松训练。我们学习怎么识别压力,以及怎样用积极的方法来处理。那么在这个星期中,请你们尝试在生活中用其中一些方法来放松。

内容九:测试或后测

如果要进行后期评估,请阅读说明以及测试原则。

内容十:家庭作业

完成家庭作业,表10-3《释放压力》。

表 10-3　释放压力

---

1. 写下你什么时候或在什么情景下会感到压力？

_____

_____

2. 辅导课堂上我们讨论了帮你处理压力的不同种方法。下面列举了几个。在你可以尝试有效放松的方法前打钩，或写下你自己放松的方法。

- 和好朋友或大人聊天；
- 锻炼；
- 积极地思考自身和情景的状况；
- 关注你的呼吸，并放松肌肉；
- _____

3. 这个星期当我_____(写下压力的情景)，我会_____(写下放松的方法)。

4. 在你尝试了上面你打钩的放松方法后，写下它是怎么帮你放松的。它有效吗？当你下次碰到类似情况你会怎么做？

- 它很有效。
- 我认为我下次会尝试新的方法。
- _____
- _____
- _____
- _____

活动十一　行为改变：设置目标，积极活动

【目的】

教会学生如何设置目标，增加积极的活动来实现健康的生活。

【目标】

1. 学生能够设置短期或长期的可操作的现实性目标。

2. 学生能够增加并持续进行一些积极的活动,以创造一种健康的生活状态。
3. 学生能够将设置积极目标的过程应用到他们的生活当中。
4. 学生能够将辅导中学到的技能用来处理在不同时间、不同情境中出现的问题。

【内容】

内容一：回顾

回顾先前辅导程的知识:回顾或讨论此前的任务分配和主要概念,提出 3~5 个适当的观念。

示例

上次辅导中我们练习了如何放松。如果你们有什么关于压力和放松的想法或问题,请举手告诉我。

然后提供反馈。

内容二：引言

把目标清晰无误地表达出来。

示例

今天我们将要学习一种被称为目标实现的技术。我们将要学习如何使用目标来改变我们生活中那些可以被改善的部分。同样的,我们也要练习为我们自己设置目标,同时采取行动来实现目标。

内容三：命名和定义技术

应用表 11-1 作为参考资料来定义并讨论以下重要术语：

表 11-1 定义

目标:你在一定时期内想要达到的状况。
目标设置:确定一个目标并制订达到目标的行动方案。
目标达成:履行你的行动方案并达到你的既定目标。

1. 目标：某些你想要完成的特殊事情（可以是短期的，也可以是长期的）。
2. 目标设置：指定目标，并提出逐步实现目标的行动计划，以帮助你达成目标。
3. 目标达成：成功地完成行动计划并达到目标；得到你想得到的东西。

内容四：讨论

用你自己的话或用以上描述方式将以下主要观点传达给学生：

1. 达成目标是在生活中创造改变的有效方式；
2. 保持积极的兴趣爱好和活动可以塑造强大的自我；
3. 目标的达成是灵活的，可以按需要进行改变；
4. 目标设置不是最后一步，实现你的行动计划是非常重要的。

接下来的部分会强调设置和达成目标的六个步骤。这些例子给学生提供了机会以便把所学内容应用于生活，是创造他们自己目标的一种途径。这些例子可以根据你所教授学生的需要和兴趣进行修改。这六个步骤为学生提供了一个基础，他们将来可以用于设定自己的个人目标。

示例

你可以运用目标设置过程来提升或改变你生活的某一部分并增加你参加积极活动的次数。参加积极活动多的人更有可能过上身心健康的生活。你可以根据自己实际的生活状况和目标来调整目标实现的过程。有计划是好的，但朝着目标努力的实际行动更重要。

表 11-2 达成目标的六个步骤

1. 定义你的价值观；
2. 创立能反映你价值观的目标；
3. 运用头脑风暴法，尽可能多地找到实现目标的途径；
4. 评估你的目标——它可行吗？
5. 执行你的计划；
6. 监控你的实施过程。

把表 11-2 作为指导信息，来说明实现目标的六个步骤。

1. 确定你的价值观。
- 在你生活中什么是最重要的?
- 家庭,学校,空闲时间。
- 举例来说:

家庭——我不想让妈妈因为我而发怒。

学校——我希望得到好成绩。

空闲时间——我希望能变得更活跃更开朗。

2. 根据你的价值观设置目标
- 写下一件你想要取得进步的事。
- 家庭,学校以及空闲时间。
- 举例来说:

家庭——我希望保持卧室整洁。

学校——我想要在下次数学测验中至少拿到 B 等。

空闲时间——我会加入戏曲俱乐部并努力地尝试。

3. 集思广益,发现实现目标的途径
- 谁能给你提供帮助?
- 你需要什么工具?多少时间?
- 举例来说:

家庭——每周日我有一些时间来收拾衣服。

学校——我将会向我的数学老师寻求帮助。

空闲时间——我会在戏曲俱乐部跟朋友们进行讨论。

4. 评估你的目标
- 你的目标可行吗?
- 你的目标现实吗?
- 举例来说:

家庭——是的,每周清理一次卧室的目标是切实可行的。

学校——我不会自己去找数学老师。或许我可以叫上一个朋友陪我去见老师。

空闲时间——没错,加入戏曲俱乐部是一个现实可行的目标。

5. 采取行动

·列出详细的日程表。

·将你的行动计划告诉某个你信任的人。

·举例来说:

家庭——如果我每周按时清理自己的卧室,妈妈将会在每周日给我租一部电影。

学校——我的朋友也希望在数学测试中至少拿到 B 等,我们可以一起学习。

空闲时间——下周的午间休息时间我会用来参加俱乐部的成员聚会。

6. 监控你的进展

·你的计划奏效了吗?

·你需要做些改变吗?

·有没有其他你想要开始着手达到的目标?

·举例来说:

家庭——星期天是家庭日,或许我应该改在周六清理卧室。

学校——在老师和朋友的帮助下,我在测试中得到了 B 等。

空闲时间——我在学校的演出中担任灯光工作。在演出结束后我想加入另外一个俱乐部。

给学生一些时间来独立展开行动,或者与一个搭档或某些小组一同开始。问问是否有人愿意同他人分享自己的目标。如果学生不想分享也没关系。你可以继续与学生分享实现步骤的实例以及整个实现过程。对那些想要分享自己目标的学生提供积极的反馈。

在总结达成目标的六个阶段时,回顾表 11-1 的内容。

内容五:例子

运用以下微型纲要,简单地举一些目标设置和非目标设置的实例。

> 示例

假设你的目标是你确实想要被选拔参加学校的某一运动队,你怎样才能成功地加入呢?

随机选择学生,向他们提供回答或者进行评价的机会。

运用如下提示台词(这是否属于目标设置?)

非目标设置例子:这个学生每天都做关于他/她自己加入运动队后生活的白日梦。

非目标设置例子:该学生辅导时在画足球或者著名的足球运动员。

目标设置例子:对于例子中所说的这个学生应该做些什么来真正地加入运动队这个问题,向学生征求意见?

内容六:结束

把学生召集起来回顾一下前面所说的步骤和目标。回顾比较困难的技能,总结关键点。

复述一遍辅导的目标。

> 示例

今天我们学习了一项被称为目标达成的技能。我们学习了如何正确地运用不同的阶段,我们学习了这些阶段是怎样的,并实际进行了练习。我希望你们所有人可以运用目标达成技术来实实在在提高你们的生活质量、你们的学业表现和你们的人际关系等方方面面。目标达成步骤同样可以用来增加你日常生活中的积极活动的次数。总的来说,这些技术帮助我们拥有健康的生活。

内容七:测验或者辅导后评估

如果打算进行辅导后评估的话,阅读指南然后实施测验。

内容八:家庭作业

完成家庭作业,表11-3《个人目标组织者》。

表 11-3　个人目标组织者

	家庭	学校	空闲时间
我的价值观			
我的目标			
评估我的目标	可行吗？＿＿＿ 现实吗？＿＿＿	可行吗？＿＿＿ 现实吗？＿＿＿	可行吗？＿＿＿ 现实吗？＿＿＿
执行了吗？	是＿＿＿ 否＿＿＿	是＿＿＿ 否＿＿＿	是＿＿＿ 否＿＿＿
我的计划奏效了吗？	是的。在哪个目标上我可以继续前进？＿＿＿ 不是。我能做什么改变？＿＿＿	是的。在哪个目标上我可以继续前进？＿＿＿ 不是。我能做什么改变？＿＿＿	是的。在哪个目标上我可以继续前进？＿＿＿ 不是。我能做什么改变？＿＿＿

活动十二　完结篇

【预备】

在完结篇总结回顾辅导之前，对之前的一些辅导进行回顾，会使学生的记忆鲜明起来，对学生学习完结篇大有帮助。

在最后一次辅导中，给学生提供从实际的心理健康服务和紧急热线，以及当地其他的干预服务中得到的信息。

【内容】

内容一：引言

把目的和目标清晰无误地传达给学生。

向学生说明他们将会在今天结束"抗压少年"培训辅导程的最后一次辅导，他们将会回顾在过去数周内他们所学习的辅导程知识，并接受一个测试来检验他们到底掌握了些什么。他们在这学期学到的许多技能对他们的社会交往能力和情绪健康都是至关重要的。他们将有机会在他们的生活中应用这些技能。

示例

今天我们将结束"抗压少年"这门辅导程数周来的学习。我们讨论了如何理解你们的以及他人的感受。我们也讨论了如何解决问题,如何设置目标以及如何以对我们的生活有帮助的方式进行思考。今天我们将要回顾我们所学的所有东西,我们知道生活中总有一些时候会遇到很严重的问题,而且当他人遇到严重问题时我们也可能需要提供帮助。今天我们将要讨论,一旦问题变得严重时我们该怎么办。我们学习了那些有助于我们与他人合作并作出正确选择的重要技术。今天,你将会有机会通过完成一个知识问卷来表现你的所学。

内容二:重要备注

如果你打算在这一辅导结束后进行一项关于"抗压少年"培训辅导的跟踪评估,你应该在引言中预留出 30 分钟的时间来做这件事情;如果你没打算进行测试,那么可以适当地根据需要展开辅导的引言部分。

示例

谁还记得我们在这学期"抗压少年"这门辅导中学到了什么知识吗?我会给你们一些提示,这些就是我们所学的某些章节的名字:

表 12-1　抗压少年总目录

我们从抗压少年培训辅导中所学到的内容包括: · 了解你的情感(1,2) · 应对愤怒 · 了解他人的情绪 · 理清思路(1,2) · 积极思考的力量 · 解决人际问题 · 远离压力 · 行为改变:设置目标,积极活动

利用表 12-1 作为参考资料,读出章节的名字,然后说:

如果你知道我们在这节辅导(说出具体的名字)中大致学了些什么的话,请举手。

点名要求回答并用每部分的关键术语来帮助学生回忆（下面会提供一个综合列表,但你要根据实际需要来决定关注哪一部分）。我们将会提供每节辅导上一些活动的线索作为有用的向导,但这些材料应该在今天的辅导开始之前用于回顾整个辅导的内容,使你自己先熟悉一些概念。如果需要的话,提前对某一辅导进行复习,对相关术语重新进行学习。

运用该辅导来讨论与辅导有关的任何概念和术语,对本培训中任何需要扩展的内容进行回顾,或简单地使学生回忆起相关内容。

运用下面所列出的清单作为指南,给学生自由讨论有关概念的机会,不仅仅是重复进行定义,而且要与实际情境联系起来,使交流尽可能地简单,这样就能抓住重点并涵盖你想涉及的所有术语,但要鼓励其他学生也要进行表达。若有可能的话,运用你对学生以及主题的了解来随意简略地对某些学生进行评估,但不要针对某一个人。

【辅导程概述】

一、了解你的情感(第 1、2 部分)

· **情感**:对不同情境的内在感受。是否所有的情感都是可以出现呢?是的,但表达情感的方式有合适和不合适之分。

· **令人舒适的感受**:快乐、喜悦。

· **令人不适的感受**:担心、挫败。

示例

你还记不记得我们怎样讨论一些不同的情境以及如果这些情境真的发生的话你会感觉怎样?例如,如果你的兄弟或者姐妹吃掉了最后一块蛋糕,或者你没有被邀请参加聚会你会有什么感觉?

二、应对愤怒

- **愤怒**：一种强有力的情感,当你受到威胁或者伤害时对某人或者某事感到不快和厌恶。
- **侵犯**：对他人,对自己或者财物造成生理或情感伤害的,有力的对抗行为或言语。
- **控制愤怒**：当你感到愤怒时选择恰当的行为。
  - ◎ 触发
  - ◎ 解释说明
  - ◎ 情感反应
  - ◎ 决策
  - ◎ 行动
  - ◎ 结果

示例

你还记不记得我们讨论过从 10 到 1 倒数,以及"自我交谈","如果……那么……"的表述方式以及"自我评价"?

三、了解他人的情绪

- **移情**：理解他人的情绪和情感。
- **观点**：每个人在某种经历之下都会有的感受和想法。
- **线索**：能告诉你关于某人信息的信号或者标记。

示例

你记不记得我们是怎样进行角色扮演,做出不同行为来猜测人们的情绪?

四、理清思路（Ⅰ）

- **望远镜**：这个方式使得我们看到的东西会比实际看起来更大或更小。
- **非黑即白思维**：极端地看待事物方式,使用诸如"从不"、"总是"、"全部"、"没有"、"好"或者"坏"等措辞。

- **墨镜**：仅仅考虑到事物的消极面。
- **预言**：在证据不充足的情况下推测将来会发生的事。
- **个人归因**：为那些不是你造成的失误而责备自己。

> 示例

你是否记得我们是怎样讨论温度计的以及你的感受在温度计上有多高或者多低？

五、理清思路（Ⅱ）

明白如何去除我们在第一部分中提到的那些消极的思维方式。

> 示例

你记不记得我们讨论了如何寻找"支持"或"反对"我们想法的证据，以及如何根据切实可信的证据来做出决策？

六、积极思考的力量

- **自控**：控制你自己的行为，尤其是自己所做的事和冲动。
- **乐观**：相信并期望或者希望事情会变好。

> 示例

你还记不记得我们讨论了能使思维变积极的 ABCDE 计划？

A 指的是任何你无法控制的问题。

B 指的是那些使你认为一切都是你的错的坏想法。

C 指的是你头脑中出现的使事情更糟糕的恐怖想法。

D 指的是把恐怖想法排除在外的积极的决策。

E 指的是一个重要的部分，你开始喜欢能掌控自身看法的这种观念。

七、解决人际的问题

- **冲突与问题**：分歧或其他不匹配或两人不协调的情况。
- **变化**：调整、修补或解决。

- 解答：你发现了解决方式，或者解决了一个问题。
- 问题解决：找到某种方式使问题得以处理。

示例

你还记不记得我们练习了一系列问题解决的步骤：我们定义问题、寻找解答、选择解决方案并达成协议？

八、远离压力

- 压力：通过身体信号、牙关紧咬、拳头握紧、肌肉紧张、惊慌、担忧、紧张、感到自己无能为力、双手颤抖或全身震颤等方式表现出来。

示例

你还记不记得我们找到了我们的安静空间，闭上眼睛练习深呼吸，并且安静地坐着？

九、行为改变：设置目标，积极活动

- 目标：某些你想要达成的具体事情（短期或长期）。
- 目标设定：确定某一目标并建立能帮助你达成目标的行动计划的行为。
- 目标达成：你最终实现了目标！

示例

你还记不记得我们讨论了达成目标的六个步骤？1. 你确定了自己的价值观并确定了哪些事对你来说是重要的；2. 创建与你价值观相切合的目标；3. 运用头脑风暴法找到实现目标的途径；4. 考虑你的目标，确认它们是现实的、不太难的；5. 执行你的计划；6. 偶尔检查你的行动计划。

十、问题比较严重的学生

向你的学生解释他们在这个单元中学到了许多重要的技能，但是这些技能在他们遇到严重的生活问题时可能不足以提供帮助。

> **示例**

我们学习了许多重要的技能,它们能在许多情境下帮助我们。但是当我们在生活中遇到严重问题时我们可能还需要他人的帮助才能把问题解决。即使问题越来越严重,我们总能找到可以求助的人。

选择 A:列出能求助的学校和社区中的同学。
选择 B:利用以下的深度讨论活动。

> **示例**

在学校里有没有你可以求助的人?

在黑板或者白纸上写下名字列表。如果学生想不出来,要帮助他们想起名字(校长、老师、顾问或者学校心理医生等)。

> **示例**

我们找到了学校里的许多大人,在你们的问题变严重的时候可以和他们谈谈。现在想想谁是你最信任的人,写下这个人的名字。在学校外你也有可以寻求帮助的人。这些人中都有谁?

在黑板或白纸中写出来。当学生想不起来时,帮助他们进行回忆。(父母、家庭中其他成年的成员,一个亲近的成年朋友或者邻居、神职人员等)

> **示例**

我们在家庭或者社区里搜集到很多成年人的名字,当问题变得严重时你们可以找他们谈谈。现在,想想你最信任的那个人是谁,并写下他的名字。

【考试】

如果你在第一堂辅导课上应用了症状清单和知识测验的话,现在是时候再次进行这些测验了。因为这样你就可以确定"抗压少年"这个辅导程在提升青少年学生的知识水平和情绪弹性上达到了怎样的效果。

这两个测试每个大约需要 15 分钟,或者说总共需要 30 分钟的时间。如果你想要进行这些测试,但是第 12 次辅导的时间又不够充裕,那么给这次辅导安排多一些的时间,或者在辅导程结束之后单独安排测试时间。

【结束辅导】

把学生召集起来并回顾辅导程要点。

> 示例

今天我们回顾了"抗压少年"这个辅导程中所有学到的东西。在整个学习过程中,我们彼此分享了自己的故事。要记得那些故事是私人的,所以尽管今天是这个辅导程的最后一天,但我们要记得不要与小组之外的任何人分享组内其他同学的故事。把别人的故事放在你自己心里,是对他人的尊重。

今天我们同样回顾了如果问题越来越严重我们该怎么办。你们知道当你们需要帮助时应该向谁求助。

祝贺"抗压少年"培训辅导程顺利结束!你们学到了许多重要的新技能。你们的技能提高了你们的抗压能力,在你们成长的路上它们都会是笔宝贵的财富。你将会有机会运用你所学的技能来使你过上健康的生活。

第二节 教师压力管理的焦点解决模式设计

目前国内学校心理辅导工作主要包括个别辅导和心理活动课两种主要形式,严格意义上的小组辅导并不多见。鉴于学校心理辅导教师平常大多面对的是发展性问题,对如何针对不同的"问题"来设计小组辅导容易感到陌生,为此,在本节我们着重介绍基于焦点解决模式的小组辅导设计,这一模式不强调对问题原因的挖掘,主张视当事人为解决自己的问题专家,具有易学易用、起效迅速的特点。而本节涉及的对象及内容则是针对教师的压力管理辅导,与上节的学生压力管理辅导可相互借鉴。

下面,我们将先从理念的角度,理解焦点解决模式如何指导教师压力管理辅导的设计,然后通过每次辅导活动的内容架构来进一步体会如何设计这一活动。

一、焦点解决模式下小组辅导的理论假设

上一节着重介绍了如何基于认知行为理论来设计小组辅导，所有的活动设计建立在这样的理论假设上：不合理的想法和行为造成了不必要的压力结果，辅导的目的在于帮助学生建立和使用更能产生自己期望结果的方式方法，并通过示范、训练和鼓励促成辅导对象的行为转变。根据认知行为理论设计的辅导内容，多少带有心理教育的成分，即辅导教师教给参与者处理日常困扰的技巧，支持学生们对某些认知、情绪和行为进行调整。这种模式体现了辅导者的"专家"身份，某种程度上与教师的身份相符，比较容易被辅导教师所接受。

与认知行为理论假设不同的是，焦点解决模式下的小组辅导拥有不同的理论假设：

1. 让团体保持在非病理的状态。
2. 在团体互动中，聚焦讨论问题的例外并提醒成员本身具备的能力。
3. 将焦点放在解决的可能性及改变性，协助成员具体地思考如何设定自己的目标。
4. 鼓励成员以最小行动的方式逐渐步入解决阶段，帮助成员明白任何一种新的问题解决策略如同是一种经验，而不是保证成功的技术。

这些理论假设意味着我们在根据焦点解决模式设计小组辅导时，会采取不一样的设计策略：

1. 从开始就关注小组辅导的目标。

小组辅导设计的最初就将焦点放在解决问题和目标的叙述上，强调成员彼此分享目标与期待，并尝试以行动达成目标。而辅导的重点就是协助成员具体思考如何设定个性化的目标。

2. 重新构架问题，增加成员的希望感和力量感。

允许小组成员描述问题，但让成员以新的观点重新看待自己的问题，例如：当学生抱怨"对学习没有兴趣"，将问题重新描述成"希望改进现在的学习方式"，使成员停止抱怨。辅导的重点强调只有正视问题才有改变的可能。

3. 相信成员具有自己解决问题的能力。

不给成员贴"标签",以一般化和正常化的辅导策略引导成员分享各自的解决目标,使小组保持在非病理状态,将成员的问题视为一般人正常的抱怨,而不是什么心理疾病或者心理问题。辅导的重点强调成员可以看到自己具有的能力和问题解决资源,觉察到自己是有能力解决问题的人。

4. 发现及分享正向成功例外经验

相信每个成员面对问题的时候都不会束手无策,在确定辅导目标后,注重引导成员探讨已有的成功经验,鼓励成员意识到及分享各自的例外经验。辅导的重点强调协助成员找出对达成辅导目标的有利因素、解决方案及应对资源。

5. 聚焦在改变行动上。

小组辅导重视成员的小改变,这些改变包括了换一种想法或角度看问题,正向积极地做些有利的改变行动,或者不做什么有利于达成目标。辅导的重点关注成员已经发生了什么改变和将要发生什么改变。

二、焦点解决模式下对压力的理解

在本节我们试图设计的是一个教师压力管理小组辅导项目。在焦点解决模式下,辅导者如何看待压力,以及压力管理策略是辅导设计的前提。传统心理辅导模式下,要解决压力问题总是试图探讨导致压力问题的原因,理解压力到底是怎么产生的。这种思维模式的一个重要前提是,我们假设:"压力"的背后一定有一个"事实"还没有被发现,我们看到的只是冰山的一角,大量的事实都还隐藏在海面以下。而心理辅导的任务是搜集关于当事人压力问题的信息,帮助其弄清楚是什么导致了或可能导致问题的产生。例如:认知行为理论则通常认为压力的产生是由于不合理的认知及不正确的行为方式导致的。

谈到教师工作压力,我们可以想到很多引起教师工作压力的原因,例如:

· 工作负荷过重;

· 报酬、机会不公;

· 工作不能发挥所特长;

- 缺少领导的支持；
- 低效率的运行体制；
- 工作资源匮乏；
- 健康问题；
- 看不到前景，没有希望；
- 无法把握工作量；
- 工作单一、乏味；
- 缺乏决策自主权；
- 既往的压力体验等等。

在这么多复杂的因素中，要建立某一种因果关系是十分困难的。而且更重要的是，就算我们建立起这种因果关系，但我们仍然不知道应该如何改变现状。

相对而言，采用焦点解决模式的心理辅导并不探究压力产生的原因和根源，而是对当事人看待压力的角度提出了疑问，积极地帮助当事人把肩头的担子卸下来。焦点解决模式不是去探讨和追溯当事人压力产生的根源，而是强调帮助当事人怎样达到他们的期望。换言之，它强调的是另一种因果关系，即虽然过去影响了今天，但今天更会影响明天。而我们今天所做的一切就是对明天负责，为此，我们有必要根据明天的目标来决定我们今天的一举一动。基于这一理念，教师压力管理辅导的设计非常强调怎么帮助参加辅导的当事人建立一个指向明天的愿景，即使当事人还没有明确自己的长远目标，但如果他知道自己需要什么，或者知道自己下一步的方向，那么当事人就完全有可能立即把自己的注意力集中在如何行动上，而不是纠结在对压力产生原因的分析和解释上。

根据焦点解决模式的理念，我们可以这样来理解压力及管理压力：

第一，我们每个人都有能力处理生活中的压力，但大多数需要在朋友、家庭和社会的帮助下克服困难。事实上，解决办法总比问题要多。建立对压力的正确态度，本身就是摆脱压力过程中的一步。

第二，压力是正常生活的一部分。生活本来就是充满问题的，解决了一个就会有另一个问题出现，因而对当事人来说，能够意识到他们在生活中遭受压力是正常的、可以理解的和健康的。这本身就是一种最好的治疗。

第三,人是具有弹性的,并且具有创造性解决问题的能力,但经常会不太在意自己"没有问题"的时候,例如,自己能够利用资源来缓解压力的时候。

第四,小的改变也能够促进将来发生大的变化。这种大改变正是通过将目标分解成小的易处理的步骤来实现的,减压同样需要由小的改变开始。

总之,焦点解决模式强调,令当事人产生希望和信心是心理辅导的关键。焦点解决模式的价值正是在于帮助当事人赢得微小但很重要的进步,而体验到进步又能够进一步强化当事人的行为并鼓励他们做出进一步的变化。这样的辅导过程是一种"滚雪球"的过程,一个可能的结果是不仅最初的问题,连同其他问题都能够整合在其中一起得到解决。

三、焦点解决小组辅导的设计

根据焦点解决模式的理念精神,可以把教师压力管理小组辅导设计成一个五到六次的小组辅导活动,参加人数控制在 8~12 人,每次大约一个半小时。下面着重介绍每次辅导的主题、目标和内容。

(一)第一次辅导

【主题】

建立信任和期望识别。

【目标】

1. 成员相互认识,了解参加活动的目标。

2. 成员分享时,感受到被理解及支持。

3. 成员分享时,感知到自己与其他同伴的期望类似。

4. 成员对整个活动产生一种希望感。

【内容】

辅导者可组织参加辅导的教师围绕以下内容开展小组活动:

- 在这个小组中你希望发生什么?

- 你不希望什么发生?

- 你怎样知道这次活动取得成功了？
- 如果这次辅导活动是成功的，你和现在相比会有什么不同？
- 用0~10来评分，10代表你非常确信这个辅导小组是有帮助的，你会评几分？如果发生了什么，你可以评分会再高一点？
- 如果你能够做一些有助于这次辅导活动的事情，你认为会是什么？
- 如果你能够做一些有助于小组中其他人的事情，你认为会是什么？

讨论了上述问题之后，辅导者可以安排小组成员设置个人活动目标（最好是以书面形式），同时，辅导者可以向小组成员指出，自己的任务就是：充分挖掘小组成员的优势和资源，并帮助他们做出有效的减压行动。

(二) 第二次辅导

【主题】

重新构建问题。

【目标】

1. 帮助成员将问题一般化。

2. 帮助成员明白问题只是暂时的且可以解决的。

3. 帮助成员意识到自己有能力面对压力，且改变一直在发生。

【内容】

第二次活动中，辅导者的任务是引导小组成员识别压力是什么，特别是对当事人来说，压力是与什么具体行为表现关联在一起的，以及这些行为表现是如何影响每个人的。在组织小组讨论时，辅导者引导当事人从对"压力原因"的关注转向对"应对资源"的关注，包括意识到自己已经为解决压力采取了一些行动。

在这次活动中，辅导者有必要引导当事人注意自己和他人应对压力的策略有什么不同，帮助成员意识到别人的应对资源是否有助于自己。

(三) 第三次辅导

【主题】

寻找例外和奇迹提问。

【目标】

1. 成员学习并演练有建设性、例外经验中的解决之道。

2. 成员试着从对未来的理解中获得希望感并发现解决之道。

【内容】

在第三次辅导中,辅导者可以围绕两个主题设计活动。

第一个是帮助当事人意识到压力不大的时候是什么状况,特别是可以探查当事人已经为解决压力做了什么努力,哪些是有效的,哪些是无效的。

第二个是帮助当事人扩大对未来期望的认识,此时可以让每个人都尝试着回答奇迹提问:

"想象一下今天晚上,当你在睡觉时一个奇迹发生了,给你带来烦恼的压力突然消失了。由于你在睡觉,你并不知道奇迹已经发生了,当你醒过来时,发生了什么才能让你相信奇迹出现了?"

辅导者可以在完成示范后,把小组成员分为2~3人一组,鼓励他们彼此回答对方的奇迹问题。

(四) 第四次辅导

【主题】

扩大改变,鼓励进一步行动。

【目标】

1. 成员分享他们执行计划时都做了什么。

2. 成员的努力将赢得小组成员的支持、欣赏及鼓励。

3. 成员通过交流,获得自己意识之外的应对资源。

【内容】

辅导者组织大家讨论已经为减压做了什么,效果怎样,还将为减压继续做些什么。在辅导中,可以利用刻度化工具,即让当事人对期望的目标和现状进行评分,进而推动当事人意识到扩大改变的行为是什么。

(五) 第五次辅导

主题:潜在障碍识别和应对

【目标】

1. 成员分享自己今后的行动方案及如何维持有效的改变。

2. 成员探讨如果发生新的问题,可以采取什么样的解决之道。

【内容】

辅导者帮助小组成员识别改变过程中可能会遇到的困难,并探讨如何应对这些潜在的障碍,进而增强当事人进一步成功改变的信心。

(六)第六次辅导

【主题】

活动小结

【目标】

1. 总结活动的收获。

2. 进一步给成员以激励与支持。

【内容】

辅导者组织小组成员讨论和评价他们在小组中的进步,帮助他们探讨怎样保持这种成果。第五、六次辅导活动内容也可合并成一次。

四、焦点解决小组辅导的若干活动形式

与其他理论模式的辅导内容相比,焦点解决模式下的小组辅导设计并不复杂,甚至看上去十分简单,但如何通过小组活动来实现这些阶段性的辅导目标,从而达到最终的减压目的,并非十分简单。为了确保小组辅导过程不显得枯燥乏味,辅导员常常需要采用灵活多变的活动形式来达成辅导的目标。焦点解决模式本身没有什么特别的活动模式,许多其他团体辅导中的活动形式都是可以借鉴的,关键在于辅导员需要真正理解焦点理念并能将其贯彻到辅导活动中。这里介绍几种小组活动的形式,帮助学习者领会如何利用活动设计来实现辅导目标。

(一)优点赏识

【活动形式】挑选一名小组成员自由选择小组中的另一个伙伴,给予该伙伴一些优点的评价,要求指出的优点必须具体明确,不是一种客套的赞赏,评价后请该伙伴对评价打分;完成后再由被评价过的小组成员自由选择,评价其他未参加评价

的某一成员,依次类推,直到所有组员都接受了优点评价。

【活动安排】优点赏识活动可以放在整个小组辅导活动的开始,作为破冰项目;也可放在整个辅导活动的最后,作为巩固小组互助氛围的一种方式。

【活动意义】该活动本身就具有赋能的作用,通过小组成员的优势探寻,可以较快地营造积极融洽的小组关系。

(二)小孩图

【活动形式】利用小孩图素材,请小组成员回答问题并进行成员之间的分享。

可以选择回答并讨论的问题包括了:

1. 你觉得目前自己的状况,最像图中的哪个小孩?为什么?

2. 你欣赏他什么?

3. 你担心他什么?

4. 如果可以的话,你希望他有哪些改变?

5. 他要做些什么,改变才会发生?

6. 你感觉他改变的最大障碍会是什么?

7. 你觉得有人能帮他吗?能帮他的人会是谁呢?

【活动安排】小孩图可以放在压力或问题识别的活动中,进而帮助当事人澄清自己的压力以及改变的目标。

【活动意义】该活动增加了小组成员在识别问题以及探寻目标时的趣味性。

(三) 国王和天使

【活动形式】活动中,每位组员在保密的情况下获得一份名单,这个组员是一名天使,而名单上的组员则是他的国王。在整个活动过程中,要求天使关注国王的优点,并在整个小组活动中要默默地为国王做三件事。在小组辅导结尾阶段,天使给予他的国王一些正面的评价并给予一个中肯的建议(全程保密)。

【活动安排】该项目可在活动中间进行设置,并在小组辅导最后的时候进行分享。

【活动意义】帮助小组成员学会用欣赏的眼光来关注他人,并体验赏识别人所产生的积极影响。

(四) 资源识别

【活动形式】活动中,提供给每个小组成员一张印有"压力源、工作资源及个人资源"空格的表格及若干标签贴。要求每位组员在相应的空格内尽可能用标签贴上自己能够意识到的压力源、工作资源及个人资源。然后与小组成员分享,并根据分享后的收获,进一步完善自己的资源,并再次与组员分享"收获的资源如何帮助自己应对压力源"。

【活动安排】该项目可作为问题识别及资源探查时的活动。

【活动意义】帮助小组成员扩大自己对资源的认识,进而领悟资源对帮助自己缓解压力的作用。

(五) 来自未来的一封信

【活动形式】活动期间,组织每个成员给自己写一封来自未来的信。信中要求以若干年后自己的口吻来给现在的自己提出一些期望和要求。完成后,可以组织大家分享这封未来之信带给自己的启发和收获。

【活动安排】该项目可以作为活动小结时的一个内容。

【活动意义】通过未来的视角,能够帮助辅导成员对自己的期望及当下的行动目标有更清晰的感悟。

除了上述介绍的五种活动形式外,其他许多团体辅导中的活动都可以应用于焦点解决模式小组辅导中。其要领仍旧在于如何帮助当事人获得期望感及力量感，进而有更进一步的改变。

五、焦点解决模式小组辅导的若干心得

焦点解决模式以正向思维、积极的观点看待每位参加小组辅导的成员，利用团体动力，这种模式的应用更具有催化的效用，能够扩大当事人的期望感和力量感，有助于帮助当事人提升心理素质。以下是笔者利用该模式开展小组辅导的若干心得：

1. 易操作，见效快。由于强调利用当事人的资源，所以焦点解决模式小组辅导没有什么特别的技巧和活动手段，只要把握住正向思维，以及挖掘当事人的目标和资源，任何活动形式都可以使用，而每次辅导活动都可以被看做是一次独立的活动，这使得这种模式所设计的小组辅导活动易操作、见效快。

2. 适用任何年龄人群及任何问题。由于不关注问题本身，而将关注点集中在当事人的期望和资源上，这种模式的辅导活动适用面非常广，对于学校辅导中所遇到的各种需要都可以借鉴该模式。

3. 既要有预先的设计，又要保持辅导活动的灵活性。尽管非常强调按照预先的设计开展每次小组辅导活动，但在具体实施中，保持辅导活动的灵活性仍旧是非常重要的。焦点解决模式非常重视当事人的主观感受和内心需求，辅导活动中的形式、内容以及时间安排都可以根据小组成员的状况进行适当的调整，整个活动不应太拘泥于辅导活动的事先设计。

4. 小组辅导的最大价值不在活动内，而在活动之外！如何保证当事人活动之外的持续小改变是关键，正如同忍者学忍术，从最简单的拔刀动作开始练习，一次、两次、三次……然后当忘记所有的动作时，忍者才成为真正的忍者。从这个角度来理解焦点解决模式对辅导的意义，我们不应满足于活动本身的娱乐性和趣味性，如果辅导活动仅仅让当事人感到这个辅导活动很有趣，而没有将活动中的收获应用到生活情景中，不断地产生有效改变，那么小组辅导仅具有"止痛药"的效果，其辅导所产生的价值是很有限的！

参考资料

【中文部分】

1. 大卫·卡普兹. 孙时进等译. 团体咨询方法——培训师手册[M]. 北京: 中国轻工业出版社, 2008
2. 艾维·耶姆. 李鸣等译. 团体心理治疗: 理论与实践[M]. 北京: 中国轻工业出版社, 2005
3. 雅各布斯, 马森, 哈维尔. 赵芳, 杨静慧, 许芸译. 团体咨询[M]. 北京: 高等教育出版社, 2009
4. 林孟平. 小组辅导与心理治疗[M]. 上海: 上海教育出版社, 2005
5. 牛格正. 咨商专业理论[M]. 台北: 五南图书出版公司, 1991
6. 钟志农. 心理辅导活动课操作实务[M]. 宁波: 宁波出版社, 2007
7. 谢尔登·罗斯. 青少年团体治疗[M]. 翟宗悌译. 上海: 华东理工大学出版社, 2003
8. 黄丽, 骆宏. 焦点解决模式: 理论和应用[M]. 北京: 人民卫生出版社, 2010

【英文部分】

1. H. Feifel and I. Eells. Patients and Therapists Assess the Same Psychotherapy [J]. Journal of Consulting and Clinical Psychology, 1982, 27(4): 310–318
2. N. Macaskill. Therapeutic Factors in Group Therapy with Borderline Patients [J]. International Journal of Group Psychotherapy. 1982, 32(1): 61–73
3. L. Gaston. The Concept of the Alliance and its Role in Psychotherapy: Theoretical and Empirical Considerations [J]. Psychiatry, 1990, 27: 143–153
4. H. Bernard. Patterns and Determinants of Attitudes of Psychiatric Residents Toward

Group Therapy [J]. Group, 1991, 15(3): 131-140

5. I. Hardy and C. Lewis. Bridging the Grap Between Long- and Short-Term Therapy: A Viable Model [J]. Group, 1992, 16(1): 5-17

6. C. Winnick and A. Levine. Marathon Therapy: Treating Rape Survivors in a Therapeutic Community [J]. Journal of Psychoactive Drugs, 1992, 24(1): 49-56

7. Hopkins, B. R and Anderson, B. w. The Counselor and the Law [M]. Alexander, VA: American Association for Counselor and Development, 1990

8. Corey, G., Corey, M.S. and Callanan, P. Issues and Ethics of Psychologists [J]. Professional Psychology, 1982, 13(3): 372-388

9. Vandenberghe, Luc. A Functional Analytic Approach to Group Psychotherapy [J]. Behavior Analyst Today, 2009, 10(1): 71-82

10. M. McCallum, W. Piper and A. Joyce. Dropping Out from Short-Term Group Therapy [J]. Psychotherapy, 1992, 29: 206-213

11. F. de Carufel and W. Piper. Group Psychotherapy or Individual Psychotherapy: Patient Characteristics as Predictive Factors [J]. International Journal of Group Psychotherapy, 1988, 38(2): 169-188

12. M. First. DSM-IV and Behavioral Assessment [J]. Behavioral Assessment, 1992, 14: 297-306

13. W. Piper and M. Marrache. Selecting Suitable Patients: Pretraining for Group Therapy as a Method for Group Selection [J]. Small Group Behavior, 1981, 12(4): 459-474

14. P.A. Thoits. Social support as coping assistance [J]. Journal of Consulting and Clinical Psychology, 1986, 54(4): 416 - 423

15. R. Mackenzie. Time-Limited Group Theory and Technique [M]. Washington, D.C.: American Psychiatric Press, 1993

16. W.Piper, M. McCallum, and A. Hassam. Adaption to Loss Through Short-Term Group Psychotherapy [M]. New York: Guilford Press, 1992

17. M. Lieberman and I. Yalom. Brief Group Psychotherapy for the Spousally Bereaved: A Controlled Study [J]. International Journal of Group Psychiatry, 1992, 42 (1): 117-133

18. Miller, D.J. and Thelen, M.H. Knowledge and Beliefs about Confidentiality in Psychotherapy [J]. Professional Psychology: Research and Practice, 1986, 17(1): 15-19

19. DeKraai, M.B. and Sales, B.D. Privileged Communication of Psychologists [J]. Professional Psychology, 1982, 13(3): 372-388

20. E. Amaranto and S. Bender. Individual Psychotherapy as Adjunct to Group Psychotherapy [J]. International Journal of Group Psychotherapy, 1990, 40 (1): 91-101

21. R. Klein. Short-Term Group Psychotherapy [M]. Baltimore: Williams and Wilkins, 1993

22. J. Perry. Problems and Considerations in the Valid Assessment of Personality Disorders [J]. American Journal of Psychiatry, 1992,149: 1645-1653

23. L. Alden, J. wiggins, and A. Pincus. Construction of Circumflex Scales for the Inventory of interpersonal Problems [J]. Journal of Personality Assessment, 1990, 55: 521-536

后 记

浙江省教育科学研究院庞红卫老师约我编写一本《小组辅导》，面向的读者是学校心理健康教育教师。当时，有点畏难情绪：一方面因为工作忙，担心完成不了，另一方面的原因在于这个选题的同类书籍很多，在我的书架上就放着林孟平老师的《小组辅导与心理治疗》、樊富珉老师的《团体心理咨询》。

当然最终还是答应了，现在想来原因有二：第一，对读书人来说，出书毕竟是有"诱惑"的，多少在乎一点价值感。第二，我想或许没有哪一种学习方式比这种方式更能够帮助自己对"小组辅导"的学习和实践做一次全面的总结。从这个角度来理解，编完这本书，感觉自己捡了一个大便宜！

建构这本书的章节，我问自己最主要的一个问题是：如果把它作为一本给自己做小组辅导的参考书，我希望里面包含什么？基于这样的思考，本著作的章节有了从概念到技术、从结束到实施的逻辑关系。与已有的不少同类著作不同，在本书第二章增加了心理诊断技术一节。根据国情，现在真正以做个案为主的心理健康教育老师并不多，大多还是在上心理活动课，涉及小团体的可能会用到小组辅导，这也意味着心理健康教育老师的心理诊断技能容易荒废，但很显然，心理诊断技术是十分重要的。心理诊断实则给我们提供了一个理解当事人问题的概念框架。有了这个概念框架，我们就能够对当事人有一个相对客观而全面的认识。这对于做小组辅导的教师来说，自始至终决不能忽视。本书在第五章重点提供了两个小组辅导设计案例。这两个辅导案例的选择煞费苦心！针对压力管理这一非常实用的辅导主题，一个案例设计采用了目前最实用的认知行为理论作为指导，给大家提供了一个有板有眼的心理辅导课程设计，每次辅导活动的一招一式都力求讲解清楚。由于认知行为理论本身包含了心理教育的成分，这种模式的设计对老师来说，会比较熟悉和比较容易掌握。而另一个则是采用目前比较流行的焦点解决模式进行教师自己的压力管理辅导设计。焦点解决模式为心理辅导提供了一个完全不同的视角，从这一模式的视角出发，个体咨询乃至小组辅导都会显得容易了许多，心理健康教育老师也会在实施中自信了许多。但要指明的是，简单的东西不一定好掌握。有些学习者使用了一两种焦点提问方法，就声称已经掌握焦点解决模式了，是不足取的。这里，我的观点是：掌握了焦点解决元素不等于掌握了焦点解决模式，要运用好这一新模式，吃透理念精神非常重要。

在整理完小组辅导的全部书稿内容、点击发送按钮时，自己突然冒出了一个想法：能做好小组辅导是了不起的！因为这意味着辅导员能带好一个团体，让每个成员通过活动获得成长！从这个意义上讲，我对那些愿意学习小组辅导、愿意实践小组辅导的同行不由多了几分尊敬！

一本书的完成决非一个人的功劳。这里要谢谢我的几位研究生，他们是钟爱芳、刘宁宁、张菡、周巧英、吴萍萍及孙洋等。他们协助我收集和整理了大量的参考文献，并完成了很多最初的文字工作。现在想来，尽管他们的任务不算复杂，但没有他们，要写出这本书几乎是不可能完成的任务，这也算是对团体力量的一次感悟！

翻阅这本书，感觉仿佛从个人视角对小组辅导进行了一次总结，写和改的过程本身又使我产生了不少对小组辅导的新理解，可以说如果让我重写这本书，思路可能就和当初不一样了，可能会涉及很多新的东西。我想，通过完成这本书，我成长了，但对读者呢？

我想对读者说，阅读这本书，需要带着同理心、批判的眼光，外加必要的独立思考精神。

骆宏庚寅夏于杭州五云山

浙江省中小学心理健康教育教师专业培训系列用书

丛书主编 庞红卫

丛书主编 朱永祥